AF396281

# MÉTÉOROLOGIE AGRICOLE

## COMPARAISON

DE

## LA MARCHE DE LA TEMPÉRATURE

### à l'air et dans le sol à diverses profondeurs

### 2me MÉMOIRE


## Par A.-F. POURIAU

docteur ès-sciences,
ancien élève de l'Ecole centrale, professeur à l'Ecole impériale d'agriculture
de la Saulsaie (Ain), et à l'Ecole Centrale lyonnaise, membre de la Société impériale d'agriculture
de Lyon et de la Société météorologique de France, membre correspondant
de la Société d'agriculture de Besançon, de la Société
d'émulation de l'Ain, etc.




## PARIS

## LEIBER, LIBRAIRE

Rue de Seine-St-Germain, 13

1862

# OBSERVATIONS MÉTÉOROLOGIQUES

FAITES

## A L'ÉCOLE IMPÉRIALE D'AGRICULTURE DE LA SAULSAIE

### (Ain)

### Par A.-F. POURIAU,

Docteur ès-sciences.

Présentées à la Société impériale d'agriculture, d'histoire naturelle et des arts
utiles de Lyon, dans sa séance du **8 novembre 1861**.

COMPARAISON DE LA MARCHE DE LA TEMPÉRATURE DANS L'AIR ET DANS LE
SOL A DIVERSES PROFONDEURS, PENDANT L'ANNÉE 1859.

## 2ᵐᵉ MÉMOIRE (1).

### THERMOMÉTRIE A L'AIR.

| | |
|---|---|
| Température moyenne à neuf h. du mat. . . | 11,37 |
| Moyenne du minimum de chaque mois. . . . | 1,14 |
| — du maximum — . . | 23,30 |
| Somme . . . . | 24,44 |
| (1) Moyenne. . . . | 12,22 |
| Moyenne des minima moyens mensuels . . . | 6,80 |
| — des maxima — . . . | 15,80 |
| Somme . . . . | 22,60 |
| (2) Moyenne. . . . | 11,30 |
| Moyenne des moyennes (1) et (2) . . . . . | 11,76 |

(1) Voir *Annales de la Société d'agriculture de Lyon.* 1859.

1862

C.

Cette dernière moyenne est comme d'habitude plus élevée que celle fournie par la seule observation de neuf heures du matin. 11°,37.

La température moyenne de la Saulsaie déduite de neuf années d'observation étant 10°,26, si on la compare à la température moyenne à neuf heures, obtenue pendant l'année 1859, on trouve :

|  |  | Différence. |
|---|---|---|
| Moyenne de neuf années (1850-58). | 10,26 | |
| Année 1859 . . . . . . . . . | 11,37 | + 1,11 |

*Températures moyennes à 9 h., suivant les saisons.*

|  | Moy. de 9 ans. | 1859. | Différences. |
|---|---|---|---|
| Hiver. . . . . . . . | 1,79 | 1,93 | + 0,14 |
| Printemps . . . . . | 9,30 | 11,36 | + 2,06 |
| Été . . . . . . . . | 19,54 | 21,06 | + 1,52 |
| Automne. . . . . . | 10,25 | 11,13 | + 0,88 |

La température moyenne de toutes les saisons a donc été plus élevée en 1859 qu'elle ne l'est moyennement, mais c'est surtout au printemps et ensuite en été, que ces différences ont été le plus sensibles.

Différence de l'été à l'hiver 19°,13.

Les extrèmes de chaleur en 1859 ont été de 35°,3 le 20 juillet et de 35°,9 le 8 août. L'extrême de froid de — 8°,2 le 11 janvier.

La température du 20 juillet 35°,3 n'avait été observée qu'une fois depuis dix ans le 20 août 1857 ; celle de 35°,9 n'avait jamais été atteinte. M. Jarrin a constaté à Bourg 36°,4 le 8 août, température inconnue depuis 1844, époque à laquelle ce météorologiste a commencé à faire des observations, c'est-à-dire depuis quinze ans.

Pour juger mieux encore, de la sécheresse de l'année 1859, examinons ce qui est relatif aux pluies.

*Pluies de 1859, réparties suivant les saisons et comparées
aux pluies moyennes.*

|  | Moy. de 7 ans. | 1859. | Différences. |
|---|---|---|---|
| Hiver . . . . . . . | 121 | 136,6 | + 15,6 mm |
| Printemps . . . . . | 201 | 189,2 | — 11,8 |
| Été . . . . . . . | 279 | 132,5 | — 146,5 |
| Automne . . . . . | 249 | 271,4 | + 22,4 |
|  | 850 | 729,7 |  |

La saison la plus sèche a donc été celle de l'été puisqu'il
y a un déficit d'eau représenté par 146$^{mm}$,5.

Le déficit total se représente par 850 — 729,7, c'est-à-dire
par 120$^{mm}$,3.

Quatre années d'observation sur la quantité d'eau qui s'é-
vapore annuellement à la Saulsaie, nous ont conduit au chiffre
moyen de 746$^{mm}$. Or, eu égard à la température moyenne
plus élevée de l'année 1859, on comprend que l'évaporation
a dû être plus considérable encore ; mais, si l'on s'en tient à
ce chiffre 746$^{mm}$, on voit qu'il est supérieur à la hauteur d'eau
tombée 729,7, ce qui explique encore l'extrême sécheresse
de l'année 1859.

Enfin, disons qu'il n'a plu que vingt-six fois pendant l'été de
1859 ; quatre fois seulement en juillet et huit fois en août, et
ces pluies étaient rapidement évaporées dans l'atmosphère
sous l'influence de l'extrême chaleur du sol et de l'air.

Avant d'étudier la marche de la température dans le sol
pendant l'année 1859, indiquons ici quelques autres faits par-
ticuliers à la température de l'air pendant les divers mois de
l'année.

Le mois de décembre a été humide et doux. Janvier a présenté vingt-deux jours sans pluie, et la température a été
assez élevée pendant les derniers jours de ce mois.

La première moitié de février a été humide et froide, la seconde froide et sèche. Mars a présenté du 7 au 14 des maxima inhabituels de 16, 17 et 20°, et le 29, un orage suivi d'une pluie de 30$^{mm}$ a déterminé un abaissement de température considérable; dans la nuit du 30 au 31 le thermomètre descendait à — 0,2.

La température moyenne d'avril a dépassé de plus de 1° la moyenne habituelle. Cependant ce mois a été très-humide, et le 18 on a constaté un abaissement de température notable. Ce jour-là, le thermomètre à minima, à la Saulsaie, n'est pas descendu au-dessous de — 0,2, mais il a gelé dans les lieux bas et humides.

Jusqu'au 17, mai a été très-sec, la fin du mois a été signalée par des pluies fréquentes mais insuffisantes. Le 15, abaissement de température correspondant à la période connue de refroidissement. Il a gelé dans certains lieux, mais non à l'observatoire. Juin a été très-pluvieux et très-orageux, mais en même temps du 22 au 28, le thermomètre a passé subitement de 17 à 27°, 29 et 31°, pour retomber à 14 et 19° les 29 et 30.

La moyenne de juillet a été la plus élevée de toutes celles observées depuis dix ans. Le maximum a été 35°,3 comme nous l'avons dit déjà. Quatre pluies seulement dans ce mois, sécheresse extrême.

En août la sécheresse a continué en même temps que l'excessive élévation de la température. Maxima 35°,9. Toutes les sources étaient taries.

Le mois de septembre a présenté une température moyenne à peu près ordinaire, mais la sécheresse a continué jusqu'à la fin du mois.

Enfin, des pluies abondantes et nombreuses sont survenues en octobre, et ont mis fin à cette sécheresse prolongée, en disposant favorablement les terres pour les semailles.

Novembre a présenté une période de froid sensible du 10 au 20.

## COMPARAISON DE LA MARCHE DE LA TEMPÉRATURE DANS L'AIR ET DANS LE SOL A DIVERSES PROFONDEURS EN 1859.

*Préliminaires.* — Avant de présenter le résumé de nos observations souterraines, je crois utile de rappeler ici le mode d'opération adopté à la Saulsaie.

### Observations à 2 mètres de profondeur.

Un tuyau en tôle (peint au minium pour le préserver de l'oxydation) a été placé en terre, il a 2 mètres de longueur et 1 décimètre de diamètre. Une rondelle en bois, percée d'un trou, fait office de bouchon, elle est elle-même recouverte par une calotte en plomb qui forme toit sur l'appareil.

La détermination de la température se fait au moyen d'un thermomètre à échelle arbitraire, enveloppé d'une double gaîne de coton et placé dans son étui en fer-blanc. Au couvercle de l'étui est fixée une petite corde qui permet de descendre l'instrument jusqu'au fond du tuyau, en le faisant passer par l'ouverture ménagée dans la rondelle en bois.

Quand on veut faire une observation, on tire l'instrument à l'aide de la corde, et l'on sort la tige du thermomètre de sa double enveloppe, juste de la longueur nécessaire pour effectuer la lecture. Avec un peu d'habitude, cette opération dure quelques secondes seulement.

On voit donc que ce mode d'opération dispense des corrections relatives aux inégalités de température que subissent nécessairement dans toute leur étendue, des thermomètres plongés à des profondeurs plus ou moins grandes (1), et dont la tige, arrivant jusqu'au sol, présente au-dessus de la surface une étendue suffisante pour la course du mercure.

---

(1) QUETELET. *Mémoire sur les variations diurne et annuelle de la température terrestre à diverses profondeurs.*

*Observations à 15, 25, 40 centimètres, etc.*

Ces observations sont faites à l'aide d'instruments dus à un habile et consciencieux constructeur de Paris, M. Baudin, 24, rue des Grès-Sorbonne. Ces thermomètres sont courbés en forme de V; la branche qui porte le réservoir s'enfonce dans le sol jusqu'à la profondeur voulue; l'autre branche qui s'élève dans l'air porte des degrés d'une grande étendue et divisés en dixièmes; de plus, elle est émaillée pour rendre la lecture plus facile. — Pour établir un thermomètre sou-terrain à une profondeur déterminée, nous opérons de la manière suivante : On prend un tube en fer-blanc, peint au minium, de 3 à 4 centimètres de diamètre et ayant une lon-gueur égale à la profondeur qui doit être atteinte par la boule. — La branche à réservoir est placée dans une double enveloppe de coton et introduite ensuite dans le tube en fer-blanc, puis on garnit les espaces vides avec de la ouate; enfin on ferme le tube de fer-blanc avec un couvercle percé d'un trou pour livrer passage au thermomètre. L'appareil ainsi disposé est descendu dans un trou au fond duquel on a placé un fragment de tuile, on tasse la terre tout au tour et l'ins-tallation du thermomètre est achevée.

Nos thermomètres regardent le nord, mais pour les abriter du soleil, surtout au moment de l'observation qui a lieu à neuf heures du matin, nous les avons recouverts d'une caisse à claire-voie, dont la face supérieure inclinée est garnie d'une toile métallique. Par ce moyen, l'air circule librement dans la caisse; la pluie et la neige peuvent mouiller la terre qui les entoure, mais en même temps ils se trouvent préservés de la grêle et des autres chances d'accident.

Dans cette nouvelle série d'observations, nous avons jugé inutile de faire les corrections relatives aux inégalités de tem-pérature que subissent nos thermomètres dans toute leur étendue, parce que les erreurs que l'on peut commettre sont généralement très-faibles quand il s'agit de profondeurs aussi peu considérables (1).

*Thermométrie souterraine à 2 mètres.*

(Observations faites à neuf heures du matin).

Température moyenne dans le sol, à 2 mètres; moyenne des trois années (1856-57-58). . . 12,61

Moyenne de température à l'air (pendant les mêmes années). . . . . . . . . . . . . . 10,36

Différence en faveur du sol. 2,25

Moyenne de la température du sol à 2 mètres, en 1859. . . . . . . . . . . . . . . 13,83

— de la température à l'air, en 1859. . . 11,37

Différence en faveur du sol. 2,46

Moyenne de la température à l'air, en 1859. . . 11,37

— de la température à l'air (neuf années) . 10,26

Différence pour 1859. . . 1,11

Moyenne de la température du sol (1859) . . . 13,83

— de la température du sol (1856-57-58). 12,61

Différence pour 1859. . . 1,22

*Température à l'air et dans le sol, suivant les saisons.*

|  | Air à 9 h. | Sol à 2 mètres. | Différences. |
|---|---|---|---|
| Hiver . . . . . | 1,93 | 8,43 | + 6,50 |
| Printemps . . . | 11,36 | 10,50 | — 0,86 |
| Été . . . . . | 21,06 | 18,66 | — 2,40 |
| Automne. . . . | 11,13 | 17,73 | + 6,60 |
|  | 11,37 | 13,83 |  |

(1) QUETELET. Mémoire déjà cité.

Maximum, à 2 mètres dans le sol, le 25 août. . 22,05°

Minimum , le 5 février. . . . . . . . 6,60

Différence extrême . . 15,45

Maximum dans l'air, le 8 août . . . . . . 35,09

Minimum le 11 janvier . . . . . . . . — 8,02

Différence totale. . . 44,01

Différence entre les écarts de température dans l'air et dans le sol à 2 mètres de profondeur.

44,10

15,45

28,65

Conséquences :

1° La température moyenne de l'air à neuf heures, en 1859, ayant été de 1°,11 supérieur à la température moyenne des neuf années précédentes ; dans cette même année, la température moyenne du sol à 2 mètres de profondeur a été supérieure à celle des trois années précédentes de 1°,22. Ces deux résultats ne diffèrent entre eux que de onze centièmes de degré.

2° Pendant les années 1856-57-58 , la différence moyenne entre la température moyenne de l'air et celle du sol, à 2 m., avait été de 2°,25 en plus pour le sol. En 1859 , cette différence a été de 2°,46.

3° Pendant les mêmes années, la différence entre les écarts de température dans l'air et dans le sol avait été de 32°,63 , en 1859 cette différence n'a été que de 28°,65.

4° L'écart moyen de température dans le sol avait été, dans les trois années précédentes , de 13°,14 ; en 1859, cet écart a été plus élevé et égal à 15°,45.

5° La température maxima dans le sol, qui n'avait pas dépassé 19°,30 jusqu'ici, a atteint, en 1859, 22°,05. Le minima 6°,60 est resté supérieur aux minima des années précédentes.

6° Tandis que la température maxima moyenne *de l'air* s'est produite en juillet, et la température minima en janvier, les moyennes correspondantes pour le sol ont été observées fin août et mi-février, comme nous l'avions constaté pendant les trois années précédentes.

7⁰ La marche de la température dans le sol, suivant les saisons, est venue également confirmer nos observations précédentes. Plus élevée que celle de l'air, en hiver et en automne, moins élevée en été, la température souterraine a été au printemps inférieure à celle de l'air de presque 1°. Ce qui tient à ce que cette dernière saison a été exceptionnellement chaude en 1859.

*Thermométrie souterraine à 25 et 40 centimètres de profondeur.*

(Observations faites à neuf heures du matin.)

Nous avons commencé, en 1859, des observations sur la température du sol à 25 et 40 centimètres de profondeur.

Les observations à 25 centimètres datent du 1$^{er}$ janvier, celles à 40 centimètres n'ont commencé qu'en août 1859, ce qui tient à ce que nos instruments ont été brisés deux fois en six mois. Malgré ces lacunes, il est possible de tirer quelques conclusions intéressantes de ces premières observations, surtout de celles effectuées à 25 centimètres, puisque le seul mois de décembre manque à l'année météorologique.

*Thermométrie souterraine à 25 centimètres.*

Température moyenne à l'air, à neuf h. du matin,
pour onze mois d'observations, du 1$^{er}$ janvier
au 30 novembre 1859 . . . . . . . . . . 12,23

Température moyenne dans le sol à 25 centi
mètres, pendant la même période. . . . . 11,83

Différence en faveur de l'air.  0,40

*Thermométrie suivant les saisons.*

| Saisons. | Air. | Sol à 25 cent. | Différences. |
|---|---|---|---|
| Hiver (janvier et février). | 1,90 | 3,40 | + 1,50 |
| Printemps . . . . . | 11,36 | 9,80 | — 1,56 |
| Été . . . . . . . | 21,06 | 19,93 | — 1,13 |
| Automne. . . . . . | 11,13 | 11,37 | + 0,24 |

(A) *Comparaison mois par mois de la marche de la
température à l'air et dans le sol.*

| Mois. | Air. | Sol à 25 cent. | Différences. |
|---|---|---|---|
| Janvier . . . . . . | 0,5 | 2,5 | + 2,0 |
| Février. . . . . . | 3,3 | 4,3 | + 1,0 |
| Mars. . . . . . . | 7,5 | 6,7 | — 0,8 |
| Avril . . . . . . | 11,8 | 9,6 | — 2,2 |
| Mai . . . . . . . | 14,8 | 13,1 | — 1,7 |
| Juin . . . . . . . | 18,6 | 16,6 | — 2,0 |
| Juillet . . . . . . | 23,0 | 22,1 | — 0,9 |
| Août. . . . . . . | 21,6 | 21,1 | — 0,5 |
| Septembre . . . . . | 16,4 | 15,9 | — 0,5 |
| Octobre. . . . . . | 12,7 | 12,6 | — 0,1 |
| Novembre . . . . . | 4,3 | 5,6 | + 1,3 |

*Températures maxima et minima extrêmes dans l'air et dans
le sol à 25 centimètres de profondeur.*

Maximum dans l'air (8 août). . . . . . . 35,90

— dans le sol (24 août). . . . . 24,20

Différence. . . 11,07

Minimum dans l'air (11 janvier). . . . . — 8,02

— dans le sol (8 janvier). . . . . + 1,02

Différence totale. . . 9,04

Conséquences :

1° La température moyenne de l'air à neuf heures du matin a été plus élevée que celle du sol , à 25 centimètres, de 0",40.

2° Le sol, plus chaud que l'air de 1°,50 en hiver, est devenu plus froid de 1°,56 et 1°,13 au printemps et en été , pour redevenir plus chaud en automne , mais de 0°,24 seulement.

3° La marche de la température dans le sol, à 25 centimètres a suivi celle de l'air, c'est-à-dire que de janvier à juillet , elle a toujours été en croissant pour décroître ensuite d'août à décembre, ce qui s'accorde avec les résultats observés dans le sol à 2 mètres de profondeur.

4° La température du sol, d'abord supérieure à celle de l'air en janvier et février, lui est devenue inférieure de mars jusqu'à la fin d'octobre; en novembre, elle a recommencé à devenir plus élevée Il est facile de voir par les chiffres consignés au tableau A que la température du sol à 25 centimètres tend à égaliser celle de l'air, à mesure que la température extérieure s'élève.

5° Le plus grand écart moyen mensuel (2°,2) entre le sol et l'air s'est produit en avril, mois que nous avons dit avoir été exceptionnellement chaud , puisque sa température moyenne a surpassé la moyenne ordinaire de plus de 1°. De plus, ce mois ayant été aussi très-pluvieux, l'évaporation des eaux pluviales a concouru encore à rendre plus grande la différence de température entre l'air et le sol.

6° L'air a présenté sur le sol , relativement à ces températures extrêmes, une différence en plus de 11°,7.

7° Il n'a pas gelé à 25 centimètres en 1859 , puisque le thermomètre n'est pas descendu au-dessous de + 1°,2.

*Thermométrie à 40 centimètres dans le sol.*

Nous avons dit plus haut que les observations à 40 centimètres de profondeur, n'avaient commencé qu'au mois d'août, en voici le résumé comparé aux observations précédentes :

| Mois. | Air. | 25 cent. | 40 cent. | 2 mètres. |
|---|---|---|---|---|
| Août . . . | 21,60 | 21,10 | 21,80 | 21,59 |
| Septembre . | 16,40 | 15,90 | 16,90 | 20,66 |
| Octobre . . | 12,70 | 12,60 | 13,50 | 18,26 |
| Novembre. . | 4,30 | 5,60 | 6,50 | 14,29 |

*Moyenne de l'automne.*

| | Air. | 25 cent. | 40 cent. | 2 mètres. |
|---|---|---|---|---|
| Automne. . | 11,13 | 11,37 | 12,30 | 17,73 |

Conséquences :

En août, les températures moyennes à l'air et dans le sol, aux diverses profondeurs, ont présenté peu de différence, et celle du sol à 2 mètres s'est montrée égale à celle de l'air.

En septembre et octobre, l'air était plus chaud que le sol à 25 centimètres, mais plus froid que les couches souterraines situées à 40 centimètres et à 2 mètres. En novembre, l'air était devenu plus froid que le sol, même à 25 centimètres.

*Influence de la période de refroidissement de novembre 1859, sur la température du sol à diverses profondeurs.*

En novembre 1859, nous avons eu une période de refroidissement qui a duré dix jours, du 10 au 21, et les chiffres suivants indiquent clairement les variations qu'elle a déterminés dans la température du sol.

| | TEMPÉRATURE A L'AIR. | | | TEMPÉRATURE DANS LE SOL. | | |
|---|---|---|---|---|---|---|
| | Minima. | Maxima. | 9 h. m. | 2 mètres. | 40 cent. | 25 cent. |
| 10 | 0,9 | 3,8 | 2,3 | 15,51 | 8,8 | 8,0 |
| 11 | — 1,3 | 5,4 | 0,6 | » | » | » |
| 12 | — 3,9 | 2,3 | — 1,0 | 15,22 | 5,8 | 3,8 |
| 13 | — 4,5 | 1,8 | 0,1 | » | » | » |
| 14 | — 5,0 | 1,9 | — 0,6 | » | » | » |
| 15 | — 3,8 | 2,8 | — 0,1 | 14,70 | 4,2 | 2,6 |
| 16 | — 1,7 | 4,1 | 0,8 | » | » | » |
| 17 | 0,0 | 1,5 | 1,3 | 14,28 | 4,3 | 3,4 |
| 18 | 1,2 | 0,9 | — 0,3 | » | » | » |
| 19 | — 2,9 | 0,5 | — 1,1 | 13,79 | 3,4 | 2,1 |
| 20 | — 2,4 | 0,8 | — 0,9 | » | » | » |
| 21 | — 5,0 | 7,2 | 2,9 | » | » | » |
| 22 | — 1,7 | 10,9 | 4,2 | 13,08 | 4,0 | 3,4 |

Conséquences :

Onze jours consécutifs de gelée pendant la nuit, et une température minima moyenne de — 2°,80 ont eu pour résultat d'abaisser la température souterraine de :

2°,43 à 2 mètres de profondeur.

5°,40 à 40 centim.       id.

5°,90 à 25 centim.       id.

La terre n'étant point recouverte de neige pendant cette période de refroidissement, il est évident que les couches supérieures du sol auraient perdu beaucoup plus de chaleur si la température maxima de chaque jour, pendant cette période ne s'était pas maintenue constamment au-dessus de 0°.

Nous verrons en faisant le même travail pour les périodes de refroidissement de décembre 1859 et février 1860, que les phénomènes observés dans le sol ont été fort différents.

# OBSERVATIONS MÉTÉOROLOGIQUES

FAITES

A L'ÉCOLE IMPÉRIALE D'AGRICULTURE DE LA SAULSAIE (AIN)

## Par A.-F. POURIAU,

Docteur ès-sciences.

---

COMPARAISON DE LA MARCHE DE LA TEMPÉRATURE DANS L'AIR ET DANS LE SOL, A DIVERSES PROFONDEURS, PENDANT L'ANNÉE 1860.

---

### THERMOMÉTRIE A L'AIR.

Température moyenne à neuf h. du matin. . 9,30

| | |
|---|---|
| Moyenne du minimum de chaque mois. . . | — 0,79 |
| — du maximum — . . . . | 20,18 |
| Somme. . . . . | 19,39 |
| (1) Moyenne . . . . | 9,69 |
| Moyenne des minima moyens mensuels. . . | 5,62 |
| — des maxima — . . . . | 12,99 |
| Somme. . . | 18,61 |
| (2) Moyenne . . | 9,30 |
| Moyenne des moyennes (1) et (2) . . . . | 9,49 |

La température moyenne de la Saulsaie déduite de dix années d'observations est de 10°,30 comme l'indique le tableau suivant :

| Mois. | MOYENNE pour 10 années (1850-1859) | MOYENNE à 9 h. du matin en 1860. | DIFFÉRENCES |
|---|---|---|---|
| Décembre. . . | 1,62 | — 1,49 | — 3,11 |
| Janvier . . . . | 1,22 | 4,07 | + 2,85 |
| Février . . . | 2,14 | — 1,47 | — 3,67 |
| Mars . . . . . | 4.87 | 4,18 | — 0,69 |
| Avril. . . . . | 10,38 | 7,39 | — 2,99 |
| Mai . . . . . | 13,27 | 15,12 | + 1,85 |
| Juin. . . . . | 18,26 | 18,10 | — 0,16 |
| Juillet . . . . | 20,93 | 18,21 | — 2,72 |
| Août. . . . . | 19,90 | 17,23 | — 2,67 |
| Septembre. . . | 15,58 | 14,30 | — 1,28 |
| Octobre. . . . | 11,18 | 10,89 | — 0,29 |
| Novembre. . . | 4,25 | 5,11 | + 0,86 |
| | 10,30 | 9,30 | — 1,00 |

Il résulte du tableau précédent :

1° Que pendant l'année 1860, trois mois seulement (janvier, mai et novembre) ont présenté une température moyenne supérieure à la moyenne de dix ans, tous les autres mois ont eu des températures moyennes bien inférieures.

2° Que, tandis que la température moyenne annuelle de 1859 avait été *supérieure* de 1°,1 à la moyenne des neuf années précédentes, en 1860 au contraire la moyenne annuelle a été *inférieure* de 1° à celle des dix années antérieures.

*Températures moyennes à neuf heures, suivant les saisons.*

| Saisons. | Moyenne de 10 ans. | 1860. | Différences. |
|---|---|---|---|
| Hiver . . . . . | 1,66 | 0,37 | — 1,29 |
| Printemps . . . | 9,50 | 8,89 | — 0,61 |
| Été. . . . . . | 19,69 | 17,84 | — 1,85 |
| Automne. . . . | 10,33 | 10,10 | — 0,23 |
| | 10,30 | 9,30 | — 1,00 |

En 1859, la température moyenne de toutes les saisons

avait été supérieure à la moyenne habituelle, en 1860, c'est le contraire qui a eu lieu.

Dans les années ordinaires, la moyenne de l'année diffère généralement peu de celle de l'automne, en 1860 la moyenne annuelle a été même inférieure à la moyenne du printemps tirée de dix années d'observations.

Les saisons qui ont présenté le plus de différences avec les moyennes habituelles sont l'hiver et l'été. La différence en moins pour l'été a atteint 1°,85, celle de l'hiver 1°,29.

Les extrêmes de chaleur en 1860 ont été peu élevés, 30°,9 le 26 juin, 31°,9 le 16 juillet, mais, par contre, le thermomètre est descendu le 20 décembre 1859 jusqu'à — 20°. Un tel froid n'avait jamais été observé depuis dix ans.

En résumé, on peut dire qu'au point de vue thermométrique, l'année météorologique de 1860 a été extrêmement froide; nous allons voir dans le chapitre suivant qu'elle a été aussi exceptionnellement humide.

PLUVIOMÉTRIE.

*Pluies de 1860, réparties suivant les mois et les saisons. Comparaison avec les pluies moyennes.*

| Mois. | | Moyenne de 7 ans 1852-1858. | | Année 1860. | | Différences. | |
|---|---|---|---|---|---|---|---|
| Décembre. | Hiver. | 122 | 47ᵐᵐ | 190 | 49ᵐᵐ | + 2 | + 68 |
| Janvier . . | | | 35 | | 93 | + 58 | |
| Février . . | | | 40 | | 48 | + 8 | |
| Mars . . . | Printemps | 201 | 27 | 193 | 66 | + 39 | — 8 |
| Avril . . . | | | 54 | | 78 | + 24 | |
| Mai . . . | | | 120 | | 49 | — 71 | |
| Juin. . . . | Été. | 277 | 106 | 349 | 89 | — 17 | + 72 |
| Juillet. . . | | | 68 | | 73 | + 5 | |
| Août. . . . | | | 103 | | 187 | + 84 | |
| Septembre | Automne. | 250 | 66 | 327 | 158 | + 92 | + 77 |
| Octobre . . | | | 113 | | 41 | — 72 | |
| Novembre. | | | 71 | | 128 | + 57 | |
| | | | 850ᵐᵐ | | 1059ᵐᵐ | | + 209 |

Du tableau précédent il résulte :

1° Qu'en 1860 la quantité d'eau tombée a dépassé la moyenne ordinaire de 209 millimètres.

2° Que l'hiver, l'été et l'automne ont été très-humides, tandis que le printemps a fourni une hauteur d'eau peu différente de la moyenne.

3° Que les mois les plus humides en 1860 ont été janvier, juillet, août, septembre et novembre. En juillet, l'arrosement fut moyen, mais le nombre de pluies plus considérable que d'habitude.

Mai et octobre ordinairement très-humides furent au contraire très-sec.

COMPARAISON DE LA MARCHE DE LA TEMPÉRATURE DANS L'AIR ET DANS LE SOL A DIVERSES PROFONDEURS EN 1860.

*Thermométrie souterraine à 2 mètres.*

(Observations faites à neuf heures du matin.)

| | |
|---|---|
| Température moyenne dans le sol à 2 mètres de profondeur; moyenne de quatre années d'observations (1856-59) . . . . . . . . . . | 13,22 |
| Température moyenne à l'air pendant les mêmes années . . . . . . . . . . . . . | 10,86 |
| Différence en faveur du sol. | 2,36 |
| Température moyenne du sol à 2 mètres, en 1860. | 12,29 |
| — à l'air, en 1860 . . . . | 9,30 |
| Différence en faveur du sol. | 2,99 |
| Température moyenne de l'air pendant neuf ans. | 10,26 |
| — — en 1860 . . . | 9,30 |
| (A) Différence en moins pour 1860. | 0,96 |
| Température moyenne du sol pendant quatre ans. | 13,22 |
| — en 1860 . . . . | 12,29 |
| (B) Différence en moins en 1860. | 0,93 |

*Température à l'air et dans le sol, suivant les saisons.*

| Saisons. | Air à 9 h. m. | Sol à 2 mètres. | Différences. |
|---|---|---|---|
| Hiver . . . | 0,37 | 8,49 | + 8,12 |
| Printemps . . | 8,89 | 8,71 | — 0,18 |
| Été . . . . | 17,84 | 16,65 | — 1,19 |
| Automne . . | 10,10 | 15,30 | + 5,20 |

*Comparaison des maxima et minima extrêmes.*

Maximum à 2 mètres dans le sol (fin août). . . 19,00
Minimum      —      (1ᵉʳ mars). . . 5,79

Différence totale . . 13,21

Maximum dans l'air (16 juillet) . . . . . . . 31,9
Minimum      —      (20 décembre 1859) . . .—20,0

Différence totale . . 51,9

Différence entre les plus grands écarts de température, dans l'air et dans le sol. . . . . . 51,90 / 13,21

38,69

Conséquences :

La température moyenne de l'air à neuf heures, en 1860, ayant été de 0°,96 inférieure à la température moyenne fournie par neuf années d'observations, dans cette même année, la température moyenne du sol à 2 mètres de profondeur a été inférieure à celle des années précédentes de 0°,93, c'est-à-dire que les deux résultats (A) et (B) ne diffèrent entre eux que de 3 centièmes de degré.

2° Pendant les années (1856-59) la différence entre la température moyenne de l'air et celle du sol à 2 mètres avait été de 2°,36 en plus pour le sol, en 1860 cette différence s'est élevée à 2°,99.

3° Pendant les mêmes années, la différence entre les écarts de température dans l'air et dans le sol avait été de 30°,14, en 1860 cette différence a atteint 38°,69.

5° La température maxima dans le sol qui, en 1859, avait atteint 22°,05 n'a pas dépassé 19° en 1860. Le minimum 5°,79 est inférieur à celui des deux années précédentes.

6° Le maximum de température s'est produit comme d'habitude vers la fin d'août, quant au minimum il a lieu un peu plus tard que les années précédentes, le 1er mars, ce qui tient à la température de l'air, exceptionnellement froide en février 1860.

7° La marche de la température dans le sol, pendant les saisons, a été conforme aux observations des années précédentes. Plus élevée que celle de l'air en hiver et en automne, moins élevée en été, à peu près égale au printemps.

En hiver, la température moyenne du sol comparée à celle de l'air, a donné un excès de 8°,12, ce qui fait bien voir l'influence d'une année chaude comme celle de 1859 sur la température des couches souterraines.

Les documents recueillies pendant cinq années consécutives sur la marche de la température dans le sol, à 2 mètres de profondeur, nous paraissent suffisants pour donner une idée exacte de ce phénomène. Nous allons donc présenter ici le résumé de ces cinq années d'observations, afin de n'avoir plus à nous occuper par la suite que de la marche de la température dans le sol, à des profondeurs beaucoup moindres, 40°, 25°, 15°, etc., qui sont celles atteintes par le plus grand nombre des végétaux.

COMPARAISON DE LA MARCHE DE LA TEMPÉRATURE DANS L'AIR ET DANS LE SOL, A 2 MÈTRES DE PROFONDEUR. — RÉSUMÉ DES OBSERVATIONS FAITES PENDANT CINQ ANNÉES CONSÉCUTIVES, DE 1856 A 1860.

*Comparaison des températures moyennes annuelles.*

| Années. | TEMPÉRATURE MOYENNE. | | Différences. |
|---|---|---|---|
| | à l'air (9 h. m.) | dans le sol (2 m.) | |
| 1856 | 9,74 | 12,42 | 2,68 |
| 1857 | 10,57 | 12,64 | 2,07 |
| 1858 | 10,09 | 12,77 | 2,68 |
| 1859 | 11,37 | 13,83 | 2,46 |
| 1860 | 9,30 | 12,29 | 2,99 |
| Moyenne | 10,21 | 12,79 | 2,58 |

*Comparaison des températures moyennes, suivant les saisons.*

| Saisons. | Air. | Sol. | Différences. |
|---|---|---|---|
| Hiver. . . | 1,40 | 8,76 | + 7,36 |
| Printemps . | 9,72 | 9,67 | — 0,05 |
| Été . . . | 19,55 | 17,28 | — 2,27 |
| Automne . | 10,35 | 16,29 | + 5,94 |

*Comparaison des températures extrêmes.*

| Années. | MAXIMA. | | Différences |
|---|---|---|---|
| | à l'air. | dans le sol. | |
| 1856 | 34,8 le 13 août. | 19,30 le 26 août. | 15,50 |
| 1857 | 35,3 le 20 — | ? | ? |
| 1858 | 34,7 le 16 juin. | 18,64 le 24 août. | 16,06 |
| 1859 | 35,9 le 8 août. | 22,05 le 25 — | 13,85 |
| 1860 | 31,9 le 16 juillet. | 19,00 fin août. | 12,90 |
| Moyennes | 34,5 | 19,75 | 14,58 |

MINIMA.

| Années. | à l'air. | dans le sol. | Différences· |
|---|---|---|---|
| 1856 | — 11,3 les 14 et 20 déc. | ? | ? |
| 1857 | — 11,1 le 3 décembre. | 5,47 le 3 mars. | 16,57 |
| 1858 | — 10,1 le 29 janvier. | 6,19 le 6 févr. | 16,29 |
| 1859 | — 8,2 le 11 — | 6,60 le 5 — | 14,80 |
| 1860 | — 20,0 le 20 décembre. | 5,79 le 1er mars. | 25,79 |
| Moy. | — 12,14 | 6,01 | 18,36 |

| | Dans l'air. | Dans le sol. | Différences. |
|---|---|---|---|
| Moyenne des maxima extrêmes. . . . | 34,50 | 19,75 | 14,75 |
| Moyenne des minima extrêmes. . . . | — 12,14 | 6,01 | 18,15 |
| Différence totale. | 46,64 | 13,74 | 32,90 |

Conséquences :

1° La température moyenne dans l'air ayant été pour cinq années de 10°,21, celle dans le sol s'est élevée à 12°,79, différence en faveur du sol 2°,58.

2° La température moyenne du sol est plus élevée que celle de l'air en hiver et en automne, mais surtout en hiver, elle est moins élevée en été de 2° en moyenne. Au printemps les températures moyennes du sol et de l'air sont sensiblement égales.

3° Dans l'air, le maximum de température se produit ordinairement en juillet ou août, le minimum en décembre ou janvier. Dans le sol, le maximum paraît correspondre toujours à *la fin d'août*, quant au minimum, c'est en février ou dans les premiers jours de mars qu'il a lieu.

4° Tandis que la température de l'air peut s'abaisser jusqu'à — 20°, comme en 1860, dans le sol, le minimum n'a pas dépassé + 5°,47 dans une période de cinq années.

5° Dans l'air, la moyenne des maxima extrêmes ayant été de 34°,5 en cinq ans, dans le sol, la moyenne correspondante a été de 19°,75, différence pour l'air 14°,58.

6° Dans l'air, la moyenne des minima extrêmes ayant été de — 12°,14, celle du sol a été de + 6°,01, différence pour le sol 18°,15.

7° Tandis que dans l'air, la moyenne des différences totales entre les maxima et les minima extrêmes a été de 46°,64 dans le sol, cette moyenne n'a été que de 13°,74, ce qui correspond à une différence de 32°,90 en plus pour l'air.

8° La marche de la température dans le sol, à 2 mètres de profondeur, peut se résumer ainsi :

Tandis que la température *moyenne* de l'air commence ordinairement à s'abaisser vers la fin de juillet, dans le sol, au contraire, la chaleur continue à s'accumuler dans les couches supérieures sous l'influence de la radiation solaire très-intense, et à se propager dans les couches inférieures jusqu'à la fin d'août. A partir de cette époque, les couches supérieures commençant à perdre par voie de rayonnement plus de calorique qu'elles n'en reçoivent; le flux de chaleur change alors de direction, le calorique se transmet de bas en haut pour aller se perdre dans l'air, et ce mouvement ascensionnel, continu jusqu'en février, est d'autant plus rapide que la température extérieure est plus basse, c'est-à-dire que l'hiver est plus long et plus rigoureux.

Enfin, vers le milieu de février ou le commencement de mars, les couches supérieures recommencent à s'échauffer sous l'influence des rayons solaires dont la direction est devenue moins oblique, les couches souterraines inférieures cèdent de moins en moins de calorique aux couches supérieures, elles finissent au contraire par en recevoir et entrent alors dans la période de réchauffement qui se prolonge jusqu'à la fin d'août.

Comparaison de la marche de la température a l'air et
dans le sol a 25ᶜ, 40ᶜ et 2ᵐ de profondeur pendant
l'année 1860.

Nous commencerons par présenter un tableau général qui
nous permettra d'établir plus clairement le résumé de nos
observations.

TEMPÉRATURE MOYENNE.

| Mois. | de l'air (9 h. m.) | du sol (25 c.) | du sol (40 c.) | du sol (2 m.) |
|---|---|---|---|---|
| Décembre 1859. | — 1,49 | 2,2 | 2,2 | 9,98 |
| Janvier 1860 . | 4,07 | 3,8 | 4,4 | 8,40 |
| Février . . . | — 1,47 | 0,4 | 1,1 | 7,11 |
| Mars . . . . | 4,18 | 3,1 | 3,6 | 6,26 |
| Avril . . . . | 7,39 | 6,6 | 7,2 | 8,71 |
| Mai . . . . | 15,12 | 12,7 | 12,9 | 11,17 |
| Juin . . . . | 18,10 | 15,4 | 15,7 | 14,47 |
| Juillet . . . | 18,21 | 17,9 | 18,5 | 17,43 |
| Août . . . . | 17,23 | 16,3 | 16,9 | 18,06 |
| Septembre . . | 14,30 | 13,8 | 14,8 | 17,00 |
| Octobre . . . | 10,89 | 10,8 | 11,6 | 15,80 |
| Novembre. . . | 5,11 | 6,5 | 7,5 | 13,12 |
| Moyennes. . | 9,30 | 9,12 | 9,70 | 12,29 |

| | |
|---|---|
| Température moyenne de l'air (neuf h. m.). . . | 9,30 |
| —  souterraine à 25 centimètres . . | 9,12 |
| Différence en plus pour l'air. . | 0,18 |
| Température moyenne de l'air . . . . . . | 9,30 |
| —  souterraine à 40 centimètres . . | 9,70 |
| Différence en plus pour le sol. . | 0,40 |

## Comparaison suivant les saisons.

| Saisons. | Air. | Sol à 25 cent. | Différences pour le sol. |
|---|---|---|---|
| Hiver . . . . | 0,37 | 2,13 | + 1,76 |
| Printemps . . . | 8,89 | 7,47 | — 1,42 |
| Eté . . . . . | 17,84 | 16,53 | — 1,31 |
| Automne . . . | 10,10 | 10,37 | + 0,27 |
| Moyennes. . . | 9,30 | 9,12 | — 0,18 |

| Saisons. | Air. | Sol à 40 cent. | Différences pour le sol. |
|---|---|---|---|
| Hiver . . . . | 0,37 | 2,57 | + 2,20 |
| Printemps . . . | 8,89 | 7,90 | — 0,99 |
| Eté . . . . . | 17,84 | 17,03 | — 0,81 |
| Automne . . . | 10,10 | 11,30 | + 1,20 |
| Moyennes . . | 9,30 | 9,70 | + 0,40 |

## Comparaison entre les températures souterraines à 40 centimètres et 25 centimètres.

| Saisons. | SOL à 40 cent. | SOL à 25 cent. | Différences. |
|---|---|---|---|
| Hiver . . . . . | 2,57 | 2,13 | 0,44 |
| Printemps . . . | 7,90 | 7,47 | 0,43 |
| Eté . . . . . | 17,03 | 16,53 | 0,50 |
| Automne . . . . | 11,30 | 10,37 | 0,93 |
| Moyennes . . . | 9,70 | 9,12 | 0,58 |

## Comparaison entre les températures maxima et minima extrêmes dans l'air et dans le sol.

| | |
|---|---|
| Maximum dans l'air, le 16 juillet . . . . . | 31,9 |
| — dans le sol à 25 cent., le 18 juillet . | 21,5 |
| Différence en plus pour l'air. | 10,4 |

Minimum dans l'air, 20 décembre 1859 . . .   — 20,0
— 	 dans le sol à 25 c., 14 février 1860 .   — 0,2

Différence en plus pour l'air.   19,8

Maximum dans l'air, 16 juillet. . . . . .   31,9
— 	 dans le sol à 40 cent., 18 juillet . .   21,4

Différence en plus pour l'air.   10,5

Minimum à l'air, 20 décembre 1859 . . . .   — 20,0
— 	 dans le sol à 40 cent., 19 février. .   + 0,3

Différence en plus pour l'air.   20,3

Conséquences générales :

1° En 1860, la température moyenne de l'air à neuf heures du matin a été plus élevée que celle du sol à 25 centimètres de 0°,18 seulement; à 40 centimètres au contraire, la température du sol l'a emporté sur celle de l'air de 0°,40.

2° Dans le sol, à 40 centimètres comme à 25 centimètres, la température moyenne a été *plus élevée* que celle de l'air en hiver et en automne, *plus basse* au printemps et en été.

3° C'est en hiver que les couches souterraines ont présenté les plus grandes différences *en plus*, et au printemps les plus grandes différences *en moins*.

4° Tandis que les organes aériens des végétaux qui ont passé l'hiver de 1860 en pleine terre, supportaient une température moyenne de + 0°,37 seulement, les racines de ces plantes jouissaient d'un climat beaucoup plus doux 1°,76 à 25 centimètres, et 2°,20 à 40 centimètres.

5° Inversement en été, tandis que la température moyenne à l'air était de 17°,84, dans le sol la moyenne estivale n'était que de 16°,53 à 25 centimètres, et de 17°,03 à 40 cent.

6° Les extrêmes de température dans l'air et dans le sol ont présenté de très-grandes différences.

A un maximum de 31°,9, dans l'atmosphère ont correspondu, dans le sol, des maxima de 21°,5 et 21°,4 seulement, à 40 centimètres et 25 centimètres, ce qui fait une différence de 10°,4 en plus pour l'air.

D'autre part, tandis que dans l'air la température est descendue à — 20°, dans le sol, les minima n'ont été que de — 0°,2 à 25 centimètres et + 0°,3 à 40 centimètres.

7° La différence entre la température *moyenne* annuelle des deux couches souterraines situées l'une à 25 centimètres, l'autre à 40 centimètres a été de 0°,58. De plus, c'est en automne que cette différence a été le plus prononcée, elle a atteint presque 1°.

8° En octobre 1859, la température moyenne à 25 centimètres de profondeur, avait été égale à celle de l'air, à un dixième de degré près, il en a été de même en 1860.

*Période pendant laquelle la température moyenne à 2 mètres devient inférieure à celle des couches situées à 25° et 40°.*

### Année 1859.

| Mois. | Sol à 2 mètres. | | Sol à 25 cent. |
|---|---|---|---|
| Avril . . . . . | 10,09 | | 9,60 |
| Mai . . . . . . | 12,87 | | 13,10 |
| Juin . . . . . . | 15,42 | inférieure à | 16,60 |
| Juillet . . . . . | 18,97 | | 22,10 |
| Août . . . . . . | 21,59 | | 21,10 |

### Année 1860.

| Mois. | Sol à 2 mètres. | | Sol à 40 cent. | | Sol à 25 cent. |
|---|---|---|---|---|---|
| Avril . . . | 8,71 | | 7,2 | | 6,6 |
| Mai. . . . | 11,17 | | 12,9 | | 12,7 |
| Juin . . . | 14,47 | inférᵉ à | 15,7 | | 15,4 |
| Juillet. . . | 17,43 | | 18,5 | | 17,9 |
| Août . . . | 18,06 | | 16,9 | | 16,3 |

D'où il résulte :

Qu'en 1859 et 1860, la température moyenne du sol, à

2 mètres de profondeur est restée inférieure à celle des couches situées à 25° et 40°, pendant les mois de mai, juin et juillet, tandis que pendant tous les autres mois cette moyenne était supérieure à celles de ces mêmes couches.

*Remarque.* — Les observations souterraines ayant été interrompues, à notre grand regret, pendant le mois de septembre 1860, époque des vacances à l'école de la Saulsaie, les moyennes 13,8, 14 et 17, relatives à ce mois (voir Tableau général), ont été obtenues approximativement en se servant comme termes de comparaison des nombres correspondants pour l'année 1859. Il résulte de cette lacune que certaines conséquences que nous venons de tirer de nos résultats, ont besoin d'être vérifiées par des observations ultérieures. Au reste, nous pourrons bientôt commencer cette vérification, car, en 1861, nos thermomètres ont été observés *jour par jour* sans aucune interruption.

*Influence du refroidissement de l'atmosphère sur la température du sol en décembre 1859 et février 1860.*

### Période de refroidissement de décembre 1859.

(Sol recouvert d'une épaisse couche de neige.)

Cette période de refroidissement a duré dix jours, c'est-à-dire du 10 au 20 décembre, mais c'est surtout à partir du 15 que l'abaissement a toujours été en croissant, comme l'indiquent les chiffres suivants :

| | | |
|---|---|---|
| 15 décembre | . . . . . . . . | — 6,4 |
| 16 — | . . . . . . . | — 10,2 |
| 17 — | . . . . . . . | — 10,8 |
| 18 — | . . . . . . . | — 11,9 |
| 19 — | . . . . . . . | — 15,0 |
| 20 — | (matin) . . . . | — 18,2 |
| 20 — | (10 heures du soir). | — 20,0 |

A l'aide du tableau suivant, nous pourrons constater l'influence de cette température extrême sur le sol, à diverses profondeurs :

| Décembre. | TEMPÉRATURES DU SOL | | |
|---|---|---|---|
| | à 2 mètres. | à 40 cent. | à 25 cent. |
| 10 | 10,74 | 3,4 | 2,4 |
| 13 | 10,45 | 2,2 | 1,2 |
| 15 | 10,33 | 1,8 | 0,8 |
| 17 | 10,00 | 1,5 | 0,4 |
| 20 | 9,52 | 1,0 | — 0,2 |
| 22 | 9,26 | 0,9 | 0,0 |
| 23 | » | 0,8 | — 0,1 |
| 24 | 8,71 | 1,0 | 0,0 |
| 25 | » | 1,3 | 0,2 |
| 26 | » | 3,2 | 3,4 |
| 27 | 8,15 | 3,8 | 3,4 |
| 28 | » | 3,7 | 3,1 |
| 29 | 8,15 | 3,9 | 3,5 |
| 30 | » | 4,4 | 4,3 |
| 31 | 8,29 | 5,2 | 5,2 |

Du tableau précédent il résulte :

1° Que par suite de la période de refroidissement de décembre 1859, la température du sol à 2 mètres s'est abaissée de 2°,03 du 10 au 24 décembre.

2° Que du 10 au 23, la température du sol à 40 centimètres s'est abaissée de 2°,6, et celle à 25 centimètres de 2°,5, pour reprendre ensuite une marche ascensionnelle.

3° Que la température minima observée à 40 centimètres a été de + 0°,8 le 23, tandis qu'à 25 centimètres le thermomètre a indiqué — 0°,2 le 20 à neuf heures du matin.

« Bien que nos thermomètres souterrains soient construits par un habile artiste de Paris (1), vérifiés fréquemment, et que leurs indications méritent toute confiance, comme la température minima observée à 25 centimètres n'a dépassé

(1) Baudin, rue des Grès (Sorbonne), 24.

le zéro que de *deux* dixièmes en dessous, nous nous borne-
rons à tirer des résultats précédents la conclusion suivante :

« Pendant la période de refroidissement de décembre 1859
qui a duré dix jours et qui s'est traduite dans l'air par un
minimum de — 20°, la gelée (température 0) a dû s'arrêter
dans le sol à une profondeur très-peu inférieure à 25 centimètres, puisque le thermomètre placé à 40 centimètres n'est
pas descendu au-dessous de + 0°,8. Il est certain que si la
terre n'avait pas été recouverte d'une épaisse couche de
neige, les effets du froid se seraient fait sentir à une profondeur plus considérable, et ils eussent été bien plus perni-
cieux pour les végétaux.

### Période de refroidissement de février 1860.

(Voir le tableau général et les observations mensuelles.)
Sol recouvert d'une couche épaisse de neige.

#### *Température à l'air.*

Du 2 au 26, la température minima s'est maintenue constamment *au-dessous* de zéro, le minimum extrême a été de
— 9°,4 le 18, la moyenne des minima pour tout le mois
de — 4°,28.

#### *Température du sol à 25 centimètres de profondeur.*

Les observations souterraines ont été faites tous les jours
à neuf heures du matin. Le 2 février, le thermomètre mar-
quait + 2°,3, le 14 il était descendu à — 0°,2, mais à partir
de ce jour, au lieu de continuer à s'abaisser sous l'influence
du froid qui persistait, il est resté à peu près immobile, oscil-
lant entre 0° et — 0°,1. Le 27, ce thermomètre remontait à
+ 0°,1, le dégel ayant commencé la veille.

#### *Température du sol à 40 centimètres.*

Malgré cette période de vingt-cinq jours de gelées consécutives, le thermomètre situé à 40 centimètres dans le sol,
n'est point descendu jusqu'à 0°. Le 2 février il indiquait
+ 3°,4, le 17 sa température n'était plus que de + 0°,4,

mais à partir de ce jour jusqu'au 29, l'instrument n'a plus varié sensiblement, car il a constamment indiqué + 0°,3 ou + 0°,4.

Conséquences :

Le fait capital résultant des observations précédentes, c'est la constance de la température, que pendant treize jours les deux couches souterraines nous ont offerte ; mais pour s'en rendre compte il suffit de savoir que durant cette période une couche de neige de plus de 1 décimètre d'épaisseur recouvrait la terre.

Ce fait semble démontrer : 1° Que si dès le début d'une période de refroidissement plus ou moins longue, le sol est recouvert d'une couche de neige assez épaisse, les couches superficielles du sol commencent par se refroidir en cédant à cette couverture une partie de leur chaleur propre, ce qui détermine naturellement un refroidissement correspondant dans les couches plus profondes 2° Qu'il arrive ensuite un moment où ces couches superficielles mises en équilibre de température avec la couche inférieure de la neige elle-même, la température du sol ne varie plus sensiblement, et alors le thermomètre placé dans les couches plus profondes devient à son tour à peu près stationnaire. 3° Que si la neige est un corps essentiellement propre à préserver les plantes contre le froid, les racines des végétaux qui passent l'hiver en pleine terre doivent pouvoir supporter néanmoins une température d'au moins 0°.

En terminant ce travail récapitulatif, il nous reste à rendre hommage au zèle et à l'intelligence de plusieurs de nos élèves qui ont bien voulu dans ces dernières années me servir de collaborateurs pour ces recherches de météorologie agricole. Sans la bonne volonté et l'exactitude de MM. Ducroc, Berger, Pichat, il m'eut été impossible d'étudier jour par jour la marche de la température à l'air et dans le sol ; aussi je suis heureux de leur adresser ici tous mes affectueux remercîments.

# Décembre 1858.

| JOURS. | TEMPÉRATURE A L'AIR. | | | PLUIES en millimètres. | TEMPÉRATURE SOUTERRAINE. | | |
| --- | --- | --- | --- | --- | --- | --- | --- |
| | MINIMA. | MAXIMA. | Thermomètre à l'air à 9 h. m. | | 2 MÈTRES de profondeur. | 40 c. | 25 c. |
| 1 | 3,2 | )) | 5,0 | )) | )) | )) | )) |
| 2 | 2,7 | )) | 4,4 | 0,5 | 10,74 | )) | )) |
| 3 | 3,1 | 5,7 | 4,8 | )) | )) | )) | )) |
| 4 | 0,3 | 1,5 | 1,3 | )) | 11,46 | )) | )) |
| 5 | —1,5 | )) | 0,5 | )) | )) | )) | )) |
| 6 | 0,0 | 3,8 | )) | )) | )) | )) | )) |
| 7 | 0,9 | 3,7 | 3,2 | )) | 11,36 | )) | )) |
| 8 | —0,2 | 1,3 | 0,8 | 7,3 | )) | )) | )) |
| 9 | —1,8 | —1,5 | —1,8 | )) | 11,01 | )) | )) |
| 10 | —2,5 | —0,2 | —0,8 | )) | )) | )) | )) |
| 11 | —1,7 | —0,5 | —1,2 | )) | 11,36 | )) | )) |
| 12 | —2,4 | —0,5 | —1,5 | )) | )) | )) | )) |
| 13 | —2,0 | 0,5 | —1,5 | )) | )) | )) | )) |
| 14 | —2,3 | 0,1 | —2,0 | )) | 10,42 | )) | )) |
| 15 | —1,8 | 1,0 | 0,1 | )) | )) | )) | )) |
| 16 | —2,0 | 2,2 | —1,0 | )) | 10,17 | )) | )) |
| 17 | —2,9 | 4,1 | 0,4 | )) | )) | )) | )) |
| 18 | —1,1 | 7,9 | 2,8 | )) | 9,77 | )) | )) |
| 19 | 2,8 | )) | 4,8 | )) | )) | )) | )) |
| 20 | 2,8 | 8,0 | 5,6 | 13,5 | )) | )) | )) |
| 21 | 3,0 | 6,6 | 3,4 | 4,8 | 9,71 | )) | )) |
| 22 | 3,4 | 6,0 | 4,8 | )) | )) | )) | )) |
| 23 | —1,0 | 9,8 | 0,2 | 1,1 | 9,96 | )) | )) |
| 24 | 0,1 | 11,8 | 9,6 | 0,7 | )) | )) | )) |
| 25 | 0,1 | 5,1 | 2,2 | 11,1 | 10,17 | )) | )) |
| 26 | 1,0 | 8,7 | 3,9 | 1,2 | )) | )) | )) |
| 27 | 3,7 | 7,5 | 5,8 | 7,0 | )) | )) | )) |
| 28 | 1,1 | 4,4 | 3,9 | 14,1 | 8,55 | )) | )) |
| 29 | 1,0 | 2,8 | 2,0 | 3,9 | )) | )) | )) |
| 30 | 0,1 | 2,1 | 1,5 | 5,1 | 7,64 | )) | )) |
| 31 | —0,9 | 2,3 | —0,7 | )) | )) | )) | )) |
| Moy. | 0,1 | 3,9 | 2,0 | 70,3 | 10,17 | )) | )) |

# Janvier 1859.

| JOURS. | TEMPÉRATURE A L'AIR. | | | PLUIES en millimètres. | TEMPÉRATURE SOUTERRAINE. | | |
|---|---|---|---|---|---|---|---|
| | MINIMA. | MAXIMA. | Thermomètre à l'air à 9 h. m. | | 2 MÈTRES de profondeur. | 40 c. | 25 c. |
| 1 | —2,5 | » | —1,6 | » | 7,50 | » | » |
| 2 | » | » | » | » | » | » | » |
| 3 | » | 0,6 | » | » | » | » | » |
| 4 | —3,4 | 1,0 | —2,0 | » | 7,83 | » | 2,5 |
| 5 | —0,5 | 0,0 | —0,4 | » | » | » | » |
| 6 | —3,0 | 0,8 | —1,0 | » | 8,34 | » | 1,3 |
| 7 | —4,0 | 0,2 | —2,7 | » | » | » | » |
| 8 | —2,2 | —0,5 | —2,2 | » | 8,22 | » | 1,2 |
| 9 | —5,9 | —1,5 | —4,5 | » | » | » | » |
| 10 | —8,0 | —3,0 | —7,0 | » | » | » | » |
| 11 | —8,2 | —0,5 | —5,6 | » | 8,15 | » | 2,0 |
| 12 | —5,3 | 1,2 | —1,8 | » | » | » | » |
| 13 | —5,6 | 2,8 | 1,0 | » | 8,22 | » | 2,0 |
| 14 | —3,2 | 0,5 | —2,8 | » | » | » | » |
| 15 | —7,0 | 0,1 | —4,3 | » | 7,74 | » | 1,8 |
| 16 | —4,8 | 2,0 | 0,1 | » | » | » | » |
| 17 | 0,0 | 5,8 | 1,2 | » | » | » | » |
| 18 | 1,0 | 8,0 | 3,5 | » | 7,74 | » | 1,5 |
| 19 | 1,8 | 7,3 | 2,9 | » | » | » | » |
| 20 | 1,2 | 7,8 | 3,5 | » | 7,58 | » | 2,7 |
| 21 | —0,2 | 7,1 | 1,1 | » | » | » | » |
| 22 | 1,0 | 8,2 | 2,5 | » | 7,64 | » | 4,7 |
| 23 | 2,0 | 4,8 | 4,7 | » | » | » | » |
| 24 | 2,9 | 4,2 | 3,2 | 13,0 | » | » | » |
| 25 | —1,0 | 5,2 | 1,2 | » | 6,93 | » | 2,9 |
| 26 | —0,6 | 5,9 | 1,0 | » | » | » | » |
| 27 | 1,2 | 7,2 | 3,8 | 2,3 | 7,18 | » | 3,2 |
| 28 | 2,8 | 6,1 | 3,4 | » | » | » | » |
| 29 | 3,6 | 10,9 | 6,1 | » | 7,25 | » | 4,2 |
| 30 | 3,8 | 9,7 | 7,1 | 2,2 | » | » | » |
| 31 | 4,1 | 7,4 | 5,1 | 5,0 | » | » | » |
| Moy. | —1,3 | 3,7 | 0,5 | 22,5 | 7,71 | » | 2,5 |

# Février.

| JOURS. | TEMPÉRATURE A L'AIR. | | | PLUIES en millimètres. | TEMPÉRATURE SOUTERRAINE. | | |
|---|---|---|---|---|---|---|---|
| | MINIMA. | MAXIMA. | Thermomètre à l'air à 9 h. m. | | 2 MÈTRES de profondeur. | 40 c. | 25 c. |
| 1 | 2,2 | 6,1 | 3,1 | 3,8 | 7,09 | » | 5,3 |
| 2 | — 0,8 | 3,1 | — 0,2 | » | » | » | » |
| 3 | 0,3 | 3,7 | 2,6 | 7,7 | 7,58 | » | 3,5 |
| 4 | — 0,5 | 3,7 | — 0,1 | 2,4 | » | » | » |
| 5 | — 4,2 | 5,7 | — 1,3 | » | 6,60 | » | 4,4 |
| 6 | — 1,3 | 5,9 | 4,7 | » | » | » | » |
| 7 | 1,0 | 3,6 | 1,8 | » | » | » | » |
| 8 | — 1,2 | 7,5 | 0,3 | 1,0 | 6,60 | » | 2,9 |
| 9 | — 1,1 | 8,6 | 1,7 | » | » | » | » |
| 10 | 2,0 | 10,4 | 7,0 | » | » | » | 3,5 |
| 11 | 2,0 | 10,9 | 8,3 | » | » | » | » |
| 12 | 5,3 | 8,8 | 7,2 | 8,2 | » | » | 5,2 |
| 13 | 4,3 | 9,2 | 7,3 | 5,7 | » | » | » |
| 14 | 4,0 | 7,6 | 4,6 | 8,2 | » | » | » |
| 15 | 3,2 | 5,8 | 3,6 | 5,1 | » | » | 5,0 |
| 16 | — 0,3 | 8,2 | 3,0 | » | » | » | » |
| 17 | 2,3 | 10,5 | 7,0 | » | 7,50 | » | 6,1 |
| 18 | 5,3 | 12,1 | 7,7 | » | » | » | » |
| 19 | — 0,2 | 4,8 | 2,2 | » | 7,50 | » | 6,7 |
| 20 | — 0,5 | 4,0 | 1,8 | » | » | » | » |
| 21 | — 2,0 | 4,1 | — 0,8 | » | » | » | » |
| 22 | — 2,8 | 5,3 | 0,6 | » | 7,87 | » | 3,2 |
| 23 | — 0,8 | 6,1 | 2,1 | » | » | » | » |
| 24 | — 1,2 | 6,9 | 0,8 | » | 7,99 | » | 3,1 |
| 25 | 0,2 | 10,0 | 2,5 | » | » | » | » |
| 26 | 1,0 | 15,0 | 5,2 | » | 7,90 | » | 3,2 |
| 27 | 4,5 | 8,0 | 6,2 | 0,9 | » | » | » |
| 28 | 1,8 | 6,7 | 4,3 | 0,8 | » | » | » |
| Moy. | 0,8 | 7,2 | 3,3 | 43,8 | 7,43 | » | 4,3 |

## Mars.

| JOURS. | TEMPÉRATURE A L'AIR. | | | PLUIES en millimètres. | TEMPÉRATURE SOUTERRAINE. | | |
|---|---|---|---|---|---|---|---|
| | MINIMA. | MAXIMA. | Thermomètre à l'air à 9 h. m. | | 2 MÈTRES de profondeur. | 40 c. | 25 c. |
| 1 | —0,4 | 8,0 | 1,7 | )) | 7,83 | )) | 3,80 |
| 2 | 0,0 | 9,0 | 2,7 | )) | )) | )) | )) |
| 3 | 0,8 | 13,2 | 5,9 | )) | 7,90 | )) | 4,20 |
| 4 | 4,2 | 12,4 | 7,8 | )) | )) | )) | )) |
| 5 | 7,7 | 13,3 | 11,4 | )) | 7,90 | )) | 6,7 |
| 6 | 8,6 | 14,2 | 10,1 | )) | )) | )) | )) |
| 7 | 3,0 | 16,1 | 9,7 | )) | )) | )) | )) |
| 8 | 2,1 | 12,0 | 9,9 | )) | 8,15 | )) | 8,0 |
| 9 | 1,5 | 7,5 | 4,2 | )) | )) | )) | )) |
| 10 | —2,0 | 8,2 | 1,0 | )) | 8,22 | )) | 6,0 |
| 11 | 1,0 | 15,7 | 8,0 | )) | )) | )) | )) |
| 12 | 4,2 | 17,0 | 8,9 | )) | 8,87 | )) | 6,0 |
| 13 | 6,0 | 20,3 | 12,0 | )) | )) | )) | )) |
| 14 | 8,0 | 20,0 | 13,8 | )) | )) | )) | )) |
| 15 | 6,8 | 7,7 | 7,0 | 2,0 | 8,54 | )) | 8,7 |
| 16 | 2,8 | 10,2 | 6,0 | 7,3 | )) | )) | )) |
| 17 | 2,6 | 12,7 | 8,2 | )) | 8,55 | )) | 7,1 |
| 18 | 5,5 | 13,8 | 10,7 | 4,1 | )) | )) | )) |
| 19 | 3,2 | 8,6 | 5,0 | )) | 8,71 | )) | 6,7 |
| 20 | 2,8 | 11,9 | 6,0 | )) | )) | )) | )) |
| 21 | 1,9 | 8,5 | 8,5 | )) | )) | )) | )) |
| 22 | 2,0 | 9,2 | 7,0 | )) | 8,90 | )) | 7,9 |
| 23 | —1,5 | 6,5 | 1,8 | )) | )) | )) | )) |
| 24 | —1,6 | 10,4 | 4,8 | )) | 8,93 | )) | 5,9 |
| 25 | 4,8 | 11,4 | 7,4 | )) | )) | )) | )) |
| 26 | 6,8 | 14,6 | 10,2 | )) | 8,96 | )) | 7,7 |
| 27 | 4,0 | 12,0 | 9,6 | 0,7 | )) | )) | )) |
| 28 | 3,0 | 15,2 | 11,5 | )) | )) | )) | )) |
| 29 | 9,0 | 14,8 | 11,0 | )) | 9,16 | )) | 8,8 |
| 30 | 6,3 | 9,9 | 7,6 | 30,0 | )) | )) | )) |
| 31 | —0,2 | 5,3 | 4,0 | 0,9 | 9,26 | )) | 7,1 |
| Moy. | 3,3 | 11,9 | 7,5 | 45,0 | 8,56 | )) | 6,7 |

**Avril.**

| JOURS. | TEMPÉRATURE A L'AIR. | | | PLUIES en millimètres. | TEMPÉRATURE SOUTERRAINE. | | |
|---|---|---|---|---|---|---|---|
| | MINIMA. | MAXIMA. | Thermomètre à l'air à 9 h. m. | | 2 MÈTRES de profondeur. | 40 c. | 25 c. |
| 1 | — 0,2 | 8,2 | 1,2 | )) | )) | )) | )) |
| 2 | — 3,2 | 12,7 | 3,7 | )) | 9,26 | )) | 5,3 |
| 3 | 3,2 | 18,8 | 11,0 | )) | )) | )) | )) |
| 4 | 6,8 | 19,5 | 13,0 | )) | )) | )) | )) |
| 5 | 8,8 | 20,2 | 14,5 | )) | 9,36 | )) | 8,9 |
| 6 | 8,5 | 22,6 | 14,2 | )) | )) | )) | )) |
| 7 | 9,4 | 23,0 | 17,0 | )) | 9,29 | )) | 10,4 |
| 8 | 10,0 | 21,7 | 18,0 | )) | )) | )) | )) |
| 9 | 11,0 | 18,7 | 12,5 | 7,3 | 9,55 | )) | 11,3 |
| 10 | 7,5 | 16,7 | 12,2 | 0,8 | )) | )) | )) |
| 11 | 4,0 | 14,4 | 8,8 | 5,0 | )) | )) | )) |
| 12 | 5,2 | 11,5 | 9,5 | 1,8 | 9,94 | )) | 9,5 |
| 13 | 5,0 | 13,7 | 10,5 | 7,0 | )) | )) | )) |
| 14 | 5,9 | 12,5 | 10,0 | 9,0 | 10,26 | )) | 10,2 |
| 15 | 7,0 | 13,1 | 12,0 | 2,5 | )) | )) | )) |
| 16 | 3,0 | 13,3 | 9,3 | 0,8 | 10,17 | )) | 8,2 |
| 17 | 1,8 | 10,0 | 6,5 | 3,5 | )) | )) | )) |
| 18 | 0,2 | 13,0 | 5,4 | )) | )) | )) | )) |
| 19 | 1,3 | 16,2 | 12,0 | )) | 10,23 | )) | 8,4 |
| 20 | 9,1 | 17,3 | 14,4 | 6,5 | )) | )) | )) |
| 21 | 6,0 | 18,4 | 15,8 | )) | 10,32 | )) | 9,7 |
| 22 | 5,6 | 10,1 | 7,2 | 17,1 | )) | )) | )) |
| 23 | 0,2 | 13,6 | 5,5 | )) | 10,46 | )) | 9,6 |
| 24 | 1,2 | 14,4 | 11,6 | )) | )) | )) | )) |
| 25 | 5,1 | 20,4 | 14,5 | 9,0 | )) | )) | )) |
| 26 | 4,2 | 21,5 | 15,1 | 3,2 | 10,58 | )) | 9,9 |
| 27 | 8,0 | 23,0 | 17,0 | )) | )) | )) | )) |
| 28 | 11,0 | 22,4 | 19,0 | )) | 10,58 | )) | 11,8 |
| 29 | 4,0 | 20,0 | 16,6 | )) | )) | )) | )) |
| 30 | 7,0 | 18,0 | 17,4 | )) | 11,20 | )) | 12,5 |
| Moy. | 5,2 | 16,9 | 11,8 | 73,5 | 10,09 | )) | 9,6 |

## Mai.

| JOURS. | TEMPÉRATURE A L'AIR. | | | PLUIES en millimètres. | TEMPÉRATURE SOUTERRAINE. | | |
| --- | --- | --- | --- | --- | --- | --- | --- |
| | MINIMA. | MAXIMA. | Thermomètre à l'air à 9 h. m. | | 2 MÈTRES de profondeur. | 40 c. | 25 c. |
| 1 | 6,0 | 18,0 | 15,0 | 5,5 | » | » | » |
| 2 | 5,5 | 19,6 | 16,0 | 3,8 | » | » | » |
| 3 | 9,3 | 18,5 | 15,6 | 5,8 | 11,46 | » | 12,1 |
| 4 | 9,1 | 12,8 | 10,4 | 10,2 | » | » | » |
| 5 | 8,5 | 17,9 | 12,8 | 16,3 | 11,58 | » | 11,0 |
| 6 | 9,0 | 16,2 | 14,4 | » | » | » | » |
| 7 | 10,0 | 19,5 | 15,3 | » | 12,01 | » | 12,6 |
| 8 | 11,0 | 20,5 | 14,0 | » | » | » | » |
| 9 | 11,2 | 20,7 | 13,0 | » | » | » | » |
| 10 | 9,8 | 20,2 | 14,5 | » | 11,43 | » | 12,2 |
| 11 | 11,2 | 20,8 | 16,0 | » | » | » | » |
| 12 | 9,6 | 20,3 | 16,5 | » | 12,33 | » | 13,8 |
| 13 | 7,2 | 7,8 | 15,0 | » | » | » | » |
| 14 | 4,5 | 15,5 | 10,8 | » | 12,36 | » | 13,1 |
| 15 | 3,0 | 15,1 | 8,0 | » | » | » | » |
| 16 | 5,2 | 14,8 | 10,5 | » | » | » | » |
| 17 | 6,2 | 18,9 | 14,0 | » | 12,66 | » | 12,2 |
| 18 | 9,4 | 14,8 | 10,1 | 2,7 | » | » | » |
| 19 | 9,7 | 22,0 | 14,7 | 10,9 | 12,98 | » | 11,9 |
| 20 | 8,3 | 20,0 | 15,5 | » | » | » | » |
| 21 | 9,0 | 23,1 | 16,0 | » | 13,08 | » | 13,1 |
| 22 | 10,5 | 21,3 | 17,1 | » | » | » | » |
| 23 | 12,3 | 23,2 | 16,9 | 2,3 | » | » | » |
| 24 | 12,0 | 21,4 | 19,0 | » | 13,33 | » | 14,1 |
| 25 | 12,9 | 22,5 | 17,9 | 3,5 | » | » | » |
| 26 | 11,5 | 26,5 | 16,0 | 5,7 | 13,41 | » | 15,5 |
| 27 | 8,3 | » | 22,8 | » | » | » | » |
| 28 | » | » | » | » | 13,66 | » | 14,6 |
| 29 | » | » | » | 4,0 | » | » | » |
| 30 | » | 23,9 | » | » | » | » | » |
| 31 | 9,5 | 22,5 | 17,5 | » | 14,06 | » | 15,0 |
| Moy. | 8,9 | 19,2 | 14,8 | 70,7 | 12,87 | » | 13,1 |

## Juin.

| JOURS. | TEMPÉRATURE A L'AIR. | | | PLUIES en millimètres. | TEMPÉRATURE SOUTERRAINE. | | |
| --- | --- | --- | --- | --- | --- | --- | --- |
| | MINIMA. | MAXIMA. | Thermomètre à l'air à 9 h. m. | | 2 MÈTRES de profondeur. | 40 c. | 25 c. |
| 1 | 9,4 | 24,1 | 18,0 | )) | )) | )) | )) |
| 2 | 13,0 | 24,6 | 16,9 | 1,8 | 14,35 | )) | 15,0 |
| 3 | 10,0 | 22,1 | 18,0 | 8,1 | )) | )) | )) |
| 4 | 11,8 | 28,1 | 19,0 | )) | 14,38 | )) | 15,1 |
| 5 | 11,0 | 23,8 | 21,2 | )) | )) | )) | )) |
| 6 | 12,0 | 25,5 | 19,4 | 3,0 | )) | )) | )) |
| 7 | 12,0 | 31,0 | 22,8 | )) | 14,63 | )) | 17,4 |
| 8 | 14,2 | 28,9 | 25,0 | )) | )) | )) | )) |
| 9 | 12,4 | 25,0 | 19,9 | 7,4 | 14,86 | )) | 17,4 |
| 10 | 12,3 | 21,2 | 16,8 | )) | )) | )) | )) |
| 11 | 11,4 | 28,5 | 15,0 | 9,8 | 15,15 | )) | 16,4 |
| 12 | 12,0 | 28,9 | 18,0 | 2,1 | )) | )) | )) |
| 13 | 11,0 | 29,7 | 19,9 | )) | )) | )) | )) |
| 14 | 13,8 | 25,8 | 22,9 | )) | 15,38 | )) | 17,7 |
| 15 | 11,1 | 22,9 | 18,8 | 6,5 | )) | )) | )) |
| 16 | 10,9 | 21,5 | 18,9 | 5,3 | 15,64 | )) | 17,1 |
| 17 | 12,4 | 17,0 | 14,5 | 5,4 | )) | )) | )) |
| 18 | 8,2 | 20,5 | 15,0 | )) | 15,90 | )) | 15,2 |
| 19 | 10,9 | 17,4 | 13,5 | )) | )) | )) | )) |
| 20 | 10,0 | 21,5 | 13,9 | 2,8 | )) | )) | )) |
| 21 | 10,5 | 17,5 | 14,5 | 2,0 | 15,71 | )) | 15,7 |
| 22 | 8,0 | 27,0 | 14,5 | 10,0 | )) | )) | )) |
| 23 | 8,0 | 26,6 | 20,0 | )) | 15,74 | )) | 15,6 |
| 24 | 14,9 | 26,8 | 22,6 | )) | )) | )) | )) |
| 25 | 12,4 | 29,2 | 20,8 | )) | 15,77 | )) | 17,1 |
| 26 | 16,5 | 29,4 | 22,5 | )) | )) | )) | )) |
| 27 | 17,0 | 29,8 | 24,4 | )) | )) | )) | )) |
| 28 | 17,2 | 31,0 | 26,0 | )) | 16,32 | )) | 19,7 |
| 29 | 11,5 | 14,1 | 12,0 | 3,8 | )) | )) | )) |
| 30 | 10,8 | 19,5 | 14,0 | 7,3 | 16,65 | )) | 16,9 |
| Moy. | 11,8 | 24,6 | 18,6 | 75,6 | 15,42 | )) | 16,6 |

| JOURS. | TEMPÉRATURE A L'AIR. | | | PLUIES en millimètres. | TEMPÉRATURE SOUTERRAINE. | | |
|---|---|---|---|---|---|---|---|
| | MINIMA. | MAXIMA. | Thermomètre à l'air à 9 h. m. | | 2 MÈTRES de profondeur. | 40 c. | 25 c. |
| 1 | 11,3 | 21,5 | 18,5 | » | » | » | » |
| 2 | 14,6 | 28,0 | 18,5 | » | 16,90 | » | 18,0 |
| 3 | 17,5 | 31,1 | 20,6 | » | » | » | » |
| 4 | 19,5 | 32,5 | 22,3 | » | » | » | » |
| 5 | 17,7 | 30,5 | 24,0 | » | 17,09 | » | 21,6 |
| 6 | 17,0 | 29,5 | 24,5 | » | » | » | » |
| 7 | 17,1 | 30,5 | 25,0 | » | 17,30 | » | 22,4 |
| 8 | 17,0 | 29,9 | 25,8 | » | » | » | » |
| 9 | 17,0 | 28,9 | 23,8 | » | 17,68 | » | 22,4 |
| 10 | 14,0 | 29,3 | 19,9 | » | » | » | » |
| 11 | 13,5 | 32,1 | 22,0 | » | » | » | » |
| 12 | 16,5 | 32,7 | 26,6 | » | 18,27 | » | 22,2 |
| 13 | 19,0 | 33,5 | 25,7 | » | » | » | » |
| 14 | 19,0 | 34,5 | 28,5 | » | 18,65 | » | 23,6 |
| 15 | 19,0 | 33,4 | 27,5 | » | » | » | » |
| 16 | 15,2 | 29,6 | 21,4 | 4,1 | 19,01 | » | 23,4 |
| 17 | 13,0 | 32,7 | 22,0 | » | » | » | » |
| 18 | 19,8 | 34,7 | 26,2 | » | » | » | » |
| 19 | 19,2 | 31,1 | 26,2 | » | 19,59 | » | 23,6 |
| 20 | 24,0 | 35,3 | 26,6 | » | » | » | » |
| 21 | 18,5 | 33,0 | 26,3 | » | 19,92 | » | 24,2 |
| 22 | 18,0 | 29,3 | 26,0 | » | » | » | » |
| 23 | 16,0 | 26,7 | 19,8 | 13,0 | 20,21 | » | 22,2 |
| 24 | 14,8 | 22,7 | 17,5 | 0,5 | » | » | » |
| 25 | 13,0 | 22,1 | 16,7 | 1,5 | » | » | » |
| 26 | 10,0 | 22,7 | 17,0 | » | 20,66 | » | 21,2 |
| 27 | 11,6 | 24,8 | 19,2 | » | » | » | » |
| 28 | 13,0 | 27,4 | 21,8 | » | 20,70 | » | 20,6 |
| 29 | 16,7 | 34,0 | 23,9 | » | » | » | » |
| 30 | 18,5 | 34,5 | 27,0 | » | 20,70 | » | 22,7 |
| 31 | 17,5 | 32,0 | 24,8 | » | » | » | » |
| Moy. | 16,4 | 30,0 | 23,0 | 19,1 | 18,97 | » | 22,1 |

## Août.

| JOURS. | TEMPÉRATURE A L'AIR. | | | PLUIES en millimètres. | TEMPÉRATURE SOUTERRAINE. | | |
|---|---|---|---|---|---|---|---|
| | MINIMA. | MAXIMA. | Thermomètre à l'air à 9 h. m. | | 2 MÈTRES de profondeur. | 40 c. | 25 c. |
| 1 | 18,0 | 29,2 | 23,0 | )) | )) | )) | )) |
| 2 | 15,8 | 29,9 | 22,9 | )) | 20,83 | 23,6 | 23,3 |
| 3 | 16,0 | 34,0 | 25,4 | )) | )) | )) | )) |
| 4 | 22,0 | 31,6 | 25,3 | )) | 21,02 | 24,2 | 24,2 |
| 5 | 18,4 | 26,9 | 22,1 | 3,2 | )) | )) | )) |
| 6 | 15,0 | 27,0 | 20,9 | )) | 21,21 | 23,2 | 22,4 |
| 7 | 14,6 | 31,9 | 22,2 | )) | )) | )) | )) |
| 8 | 19,0 | 35,9 | 28,1 | )) | )) | )) | )) |
| 9 | 19,8 | 35,4 | 28,1 | )) | 21,67 | 23,8 | 23,6 |
| 10 | 17,0 | 33,1 | 28,4 | )) | )) | )) | )) |
| 11 | 15,3 | 25,1 | 19,0 | 16,7 | 21,70 | 23,0 | 21,7 |
| 12 | 15,4 | 24,1 | 22,6 | 2,0 | )) | )) | )) |
| 13 | 15,0 | 25,8 | 21,1 | 8,6 | 21,83 | 21,2 | 20,2 |
| 14 | 16,5 | 29,6 | 23,8 | )) | )) | )) | )) |
| 15 | 16,0 | 22,9 | 20,1 | )) | )) | )) | )) |
| 16 | 17,0 | 23,9 | 21,3 | )) | 21,89 | 22,0 | 21,2 |
| 17 | 11,0 | 21,5 | 16,4 | 1,5 | )) | )) | )) |
| 18 | 12,0 | 23,5 | 16,5 | )) | 21,83 | 20,2 | 19,0 |
| 19 | 10,8 | 23,8 | 17,0 | )) | )) | )) | )) |
| 20 | 11,4 | 26,1 | 19,6 | )) | 21,83 | 20,1 | 19,1 |
| 21 | 13,8 | 25,2 | 20,1 | )) | )) | )) | )) |
| 22 | 13,4 | 22,1 | 17,1 | )) | )) | )) | )) |
| 23 | 10,8 | 25,5 | 17,4 | )) | 21,67 | 20,4 | 19,4 |
| 24 | 12,9 | 30,9 | 22,0 | )) | )) | )) | )) |
| 25 | 17,8 | 31,1 | 25,2 | )) | 22,05 | 21,3 | 21,0 |
| 26 | 17,2 | 30,5 | 24,7 | )) | )) | )) | )) |
| 27 | 16,0 | 21,0 | 20,3 | 3,8 | 21,54 | 21,4 | 21,1 |
| 28 | 14,0 | 21,4 | 20,0 | 0,8 | )) | )) | )) |
| 29 | 14,0 | 28,2 | 21,1 | )) | )) | )) | )) |
| 30 | 15,0 | 27,5 | 22,6 | )) | 21,67 | 20,0 | 19,0 |
| 31 | 10,9 | 20,1 | 15,3 | 1,2 | )) | )) | )) |
| Moy. | 15,2 | 27,2 | 21,6 | 37,8 | 21,59 | 21,8 | 21,1 |

| JOURS. | TEMPÉRATURE A L'AIR. | | | PLUIES en millimètres. | TEMPÉRATURE SOUTERRAINE. | | |
|---|---|---|---|---|---|---|---|
| | MINIMA. | MAXIMA. | Thermomètre à l'air à 9 h. m. | | 2 MÈTRES de profondeur. | 40 c. | 25 c. |
| 1 | 10,0 | 22,0 | 15,9 | » | 21,54 | 18,9 | 17,5 |
| 2 | 13,1 | 20,8 | 18,8 | 0,3 | » | » | » |
| 3 | 15,4 | 25,8 | 19,5 | 0,4 | 21,43 | 18,8 | 18,2 |
| 4 | 14,8 | 28,0 | 22,0 | » | » | » | » |
| 5 | 12,9 | 20,2 | 16,0 | 6,5 | » | » | » |
| 6 | 10,5 | 20,1 | 15,8 | » | 21,34 | 17,8 | 16,4 |
| 7 | 10,4 | 22,9 | 19,7 | » | » | » | » |
| 8 | 10,3 | 21,3 | 16,1 | » | 21,21 | 18,0 | 16,8 |
| 9 | 10,0 | 22,5 | 16,9 | » | » | » | » |
| 10 | 11,0 | 21,9 | 17,3 | » | 20,98 | 18,2 | 17,2 |
| 11 | 10,5 | 17,4 | 13,0 | » | » | » | » |
| 12 | 7,9 | 19,0 | 13,7 | » | » | » | » |
| 13 | 7,4 | 21,0 | 15,9 | » | 20,86 | 17,0 | 15,6 |
| 14 | 7,4 | 20,1 | 15,5 | » | » | » | » |
| 15 | 10,8 | 17,8 | 14,0 | 2,7 | 20,60 | 16,6 | 15,4 |
| 16 | 8,9 | 14,5 | 11,9 | 2,4 | » | » | » |
| 17 | 8,9 | 14,8 | 9,7 | 4,8 | 20,46 | 15,2 | 14,0 |
| 18 | 7,0 | 13,0 | 9,8 | 3,9 | » | » | » |
| 19 | 6,5 | 15,0 | 9,7 | 6,8 | » | » | » |
| 20 | 8,9 | 20,9 | 13,0 | » | 20,11 | 13,8 | 12,6 |
| 21 | 8,0 | 22,5 | 15,6 | » | » | » | » |
| 22 | 11,7 | 17,9 | 13,1 | 10,0 | 19,81 | 15,2 | 14,6 |
| 23 | 12,0 | 24,9 | 18,1 | » | » | » | » |
| 24 | 14,1 | 24,2 | 18,0 | » | 19,72 | 15,8 | 15,4 |
| 25 | 15,5 | 26,2 | 20,5 | » | » | » | » |
| 26 | 15,6 | 27,7 | 20,7 | » | » | » | » |
| 27 | 16,5 | 26,1 | 20,5 | » | 21,05 | 17,2 | 17,0 |
| 28 | 16,5 | 26,0 | 20,6 | » | » | » | » |
| 29 | 14,5 | 20,3 | 18,7 | » | 19,49 | 17,4 | 17,1 |
| 30 | 10,6 | 19,0 | 12,3 | 26,3 | » | » | » |
| Moy. | 11,2 | 21,1 | 16,4 | 64,1 | 20,66 | 16,9 | 15,9 |

**Octobre.**

| JOURS. | TEMPÉRATURE A L'AIR. | | | PLUIES en millimètres. | TEMPÉRATURE SOUTERRAINE. | | |
| --- | --- | --- | --- | --- | --- | --- | --- |
| | MINIMA. | MAXIMA. | Thermomètre à l'air à 9 h. m. | | 2 MÈTRES de profondeur. | 40 c. | 25 c. |
| 1 | 13,5 | 23,9 | 18,0 | )) | 19,24 | 15,6 | 14,6 |
| 2 | 15,0 | 24,3 | 17,8 | 3,0 | )) | )) | )) |
| 3 | 13,4 | 22,1 | 17,3 | )) | )) | )) | )) |
| 4 | 14,0 | 25,1 | 19,3 | )) | 19,43 | 16,5 | 16,0 |
| 5 | 14,5 | 24,1 | 19,1 | )) | )) | )) | )) |
| 6 | 11,1 | 24,0 | 18,1 | )) | 19,08 | 16,6 | 15,8 |
| 7 | 10,8 | 17,2 | 16,5 | )) | )) | )) | )) |
| 8 | 12,3 | 21,5 | 16,6 | 2,1 | 19,01 | 15,8 | 15,1 |
| 9 | 12,2 | 21,6 | 17,6 | )) | )) | )) | )) |
| 10 | 8,1 | 19,1 | 17,4 | 4,7 | )) | )) | )) |
| 11 | 9,9 | 19,6 | 14,1 | )) | 18,92 | 15,0 | 13,8 |
| 12 | 10,8 | 17,6 | 12,5 | 4,3 | )) | )) | )) |
| 13 | 7,4 | 17,6 | 12,1 | )) | 18,78 | 14,4 | 13,1 |
| 14 | 12,0 | 16,1 | 14,6 | )) | )) | )) | )) |
| 15 | 12,2 | 16,5 | 14,9 | 35,2 | 18,65 | 13,9 | 13,3 |
| 16 | 11,0 | 20,0 | 16,7 | 1,4 | )) | )) | )) |
| 17 | 9,0 | 19,9 | 14,3 | )) | )) | )) | )) |
| 18 | 11,8 | 18,9 | 14,6 | )) | 18,36 | 14,0 | 13,4 |
| 19 | 12,5 | 16,6 | 13,9 | 0,2 | )) | )) | )) |
| 20 | 9,6 | 13,6 | 10,8 | 4,0 | 18,19 | 13,8 | 13,1 |
| 21 | 8,3 | 13,2 | 9,8 | 14,5 | )) | )) | )) |
| 22 | 3,5 | 6,3 | 3,9 | 5,5 | 17,94 | 12,4 | 11,3 |
| 23 | 2,2 | 5,8 | 3,1 | 7,8 | )) | )) | )) |
| 24 | 0,9 | 10,6 | 5,8 | 6,3 | )) | )) | )) |
| 25 | 2,8 | 11,9 | 7,6 | )) | 17,46 | 9,3 | 7,8 |
| 26 | 7,7 | 10,7 | 9,9 | 1,7 | )) | )) | )) |
| 27 | 2,2 | 11,3 | 5,7 | 38,3 | 16,35 | 9,2 | 7,9 |
| 28 | 2,0 | 11,8 | 5,6 | )) | )) | )) | )) |
| 29 | 5,8 | 12,1 | 8,3 | 13,3 | 16,00 | 9,1 | 8,5 |
| 30 | 4,0 | 11,4 | 6,6 | 3,2 | )) | )) | )) |
| 31 | 7,7 | 12,0 | 11,4 | 4,5 | )) | )) | )) |
| Moy. | 8,9 | 16,6 | 12,7 | 150,0 | 18,26 | 13,5 | 12,6 |

3*

**Novembre.**

| JOURS. | TEMPÉRATURE A L'AIR. | | | PLUIES en millimètres. | TEMPÉRATURE SOUTERRAINE. | | |
|---|---|---|---|---|---|---|---|
| | MINIMA. | MAXIMA. | Thermomètre à l'air à 9 h. m. | | 2 MÈTRES de profondeur. | 40 c. | 25 c. |
| 1 | 9,8 | 15,7 | 13,1 | 4,7 | 15,60 | 10,0 | 10,3 |
| 2 | 7,9 | 12,3 | 9,2 | 3,1 | » | » | » |
| 3 | 2,7 | 12,2 | 5,7 | » | 15,68 | 9,6 | 8,2 |
| 4 | 6,2 | 15,9 | 12,3 | » | » | » | » |
| 5 | 8,5 | 14,8 | 10,2 | 14,7 | 15,51 | 10,0 | 9,6 |
| 6 | 8,4 | 15,0 | 10,3 | » | » | » | » |
| 7 | 9,7 | 17,2 | 13,1 | » | » | » | » |
| 8 | 11,5 | 13,9 | 12,1 | 1,7 | 15,35 | 10,6 | 10,5 |
| 9 | 5,1 | 7,0 | 5,9 | 2,4 | » | » | » |
| 10 | 0,9 | 3,8 | 2,3 | 0,8 | 15,51 | 8,8 | 8,0 |
| 11 | —1,3 | 5,4 | 0,6 | » | » | » | » |
| 12 | —3,9 | 2,3 | —1,0 | » | 15,22 | 5,8 | 3,8 |
| 13 | —4,5 | 1,8 | 0,1 | » | » | » | » |
| 14 | —5,0 | 1,9 | —0,6 | » | » | » | » |
| 15 | —3,8 | 2,8 | —0,1 | » | 14,70 | 4,2 | 2,6 |
| 16 | —1,7 | 4,1 | 0,8 | » | » | » | » |
| 17 | 0,0 | 1,5 | 1,3 | » | 14,28 | 4,3 | 3,4 |
| 18 | —1,2 | 0,9 | —0,3 | 4,0 | » | » | » |
| 19 | —2,9 | 0,5 | —1,1 | » | 13,79 | 3,4 | 2,1 |
| 20 | —2,4 | 0,8 | —0,9 | » | » | » | » |
| 21 | —5,0 | 7,2 | 2,9 | » | » | » | » |
| 22 | 1,7 | 10,9 | 4,2 | 0,7 | 13,08 | 4,0 | 3,4 |
| 23 | 0,9 | 9,7 | 3,4 | » | » | » | » |
| 24 | 0,9 | 6,0 | 2,2 | » | 12,44 | 4,6 | 3,9 |
| 25 | 0,1 | 3,0 | 0,4 | » | » | » | » |
| 26 | 0,2 | 5,6 | 2,5 | » | 12,50 | 4,5 | 3,6 |
| 27 | 2,9 | 8,7 | 5,2 | » | » | » | » |
| 28 | 0,9 | 7,1 | 2,1 | 9,1 | » | » | » |
| 29 | 4,5 | 10,0 | 7,4 | 7,3 | 12,17 | 5,2 | 5,0 |
| 30 | 8,2 | 10,8 | 7,9 | 8,8 | » | » | » |
| Moy. | 1,6 | 7,6 | 4,3 | 57,3 | 14,29 | 6,5 | 5,6 |

COMPARAISON DE LA MARCHE DE LA TEMPÉRATURE A L'AIR ET DANS LE SOL A DIVERSES PROFONDEURS,
PENDANT L'ANNÉE 1859.

| MOIS. | TEMPÉRATURE A L'AIR. | | | | | PLUIES. | | TEMPÉRATURE DANS LE SOL. | | |
|---|---|---|---|---|---|---|---|---|---|---|
| | MINIMA EXTRÊMES. | MAXIMA EXTRÊMES. | MINIMA MOYENS. | MAXIMA MOYENS. | TEMPÉR. A 9 H. M. | HAUTEUR EN MILL. | Nombre de pluies. | A 2 MÈT. | 40 CENT. | 25 CENT. |
| Déc. 1858. | -2,9 le 17 | 11,8 le 24 | 0,1 | 3,9 | 2,0 | 70,3 | 12 | 10,17 | » | » |
| Janv. 1859 | -8,2 le 11 | 10,9 le 29 | —1,3 | 3,7 | 0,5 | 22,5 | 4 | 7,71 | » | 2,5 |
| Février . . | -4,2 le 5 | 15,0 le 26 | 0,8 | 7,2 | 3,3 | 43,8 | 10 | 7,43 | » | 4,3 |
| Mars . . . | -2,0 le 10 | 20,3 le 13 | 3,3 | 11,9 | 7,5 | 45,0 | 9 | 8,56 | » | 6,7 |
| Avril . . . | -3,2 le 2 | 23,0 les 7, 27 | 5,2 | 16,9 | 11,8 | 73,5 | 13 | 10,09 | » | 9,6 |
| Mai . . . | 3,0 le 15 | 26,5 le 26 | 8,9 | 19,2 | 14,8 | 70,7 | 11 | 12,87 | » | 13,1 |
| Juin . . . | 8,0 les 22, 23 | 31,0 les 7, 28 | 11,8 | 24,6 | 18,6 | 75,6 | 14 | 15,42 | » | 16,6 |
| Juillet. . | 10,0 le 26 | 35,3 le 20 | 16,4 | 30,0 | 23,0 | 19,1 | 4 | 18,97 | » | 22,1 |
| Août . . . | 10,8 les 19, 23 | 35,9 le 8 | 15,2 | 27,2 | 21,6 | 37,8 | 8 | 21,59 | 21,8 | 21,1 |
| Septembre | 6,5 le 19 | 28,0 le 4 | 11,2 | 21,1 | 16,4 | 64,1 | 10 | 20,66 | 16,9 | 15,9 |
| Octobre. . | 0,9 le 24 | 25,1 le 4 | 8,9 | 16,6 | 12,7 | 150,0 | 17 | 18,26 | 13,5 | 12,6 |
| Novembre. | -5,0 les 14, 21 | 17,2 le 7 | 1,6 | 7,6 | 4,3 | 57,3 | 11 | 14,29 | 6,5 | 5,6 |
| Moyennes. | 1,14 | 23,3 | 6,8 | 15,8 | 11,37 | 729,7 | 123 | 13,83 | » | » |

| JOURS. | TEMPÉRATURE A L'AIR. | | | TEMPÉRATURE SOUTERRAINE. | | |
|---|---|---|---|---|---|---|
| | MINIMA. | MAXIMA. | Thermomètre à l'air à 9 h. m. | 2 MÈTRES de profondeur. | 40 c. | 25 c. |
| 1 | 1,0 | 2,0 | 1,0 | 11,79 | 7,2 | 6,3 |
| 2 | — 0,5 | 1,0 | 0,0 | » | » | » |
| 3 | — 2,4 | — 1,5 | — 2,0 | 11,53 | 4,1 | 3,7 |
| 4 | — 3,5 | — 2,8 | — 3,0 | » | » | » |
| 5 | — 5,8 | — 1,6 | — 1,5 | » | » | » |
| 6 | 1,2 | 5,6 | 4,1 | 11,34 | 2,8 | 1,6 |
| 7 | 3,5 | 7,9 | 4,6 | » | » | » |
| 8 | 1,0 | 8,8 | 3,6 | 11,11 | 4,0 | 3,2 |
| 9 | — 1,4 | 1,2 | — 0,8 | » | » | » |
| 10 | — 4,0 | — 0,1 | — 2,4 | 10,74 | 3,4 | 2,4 |
| 11 | — 3,5 | — 1,7 | — 3,0 | » | » | » |
| 12 | — 5,5 | — 2,9 | — 4,4 | » | » | » |
| 13 | — 6,6 | — 0,6 | — 4,6 | 10,45 | 2,2 | 1,2 |
| 14 | — 4,2 | — 2,3 | — 3,6 | » | » | » |
| 15 | — 6,4 | — 3,5 | — 5,8 | 10,33 | 1,8 | 0,8 |
| 16 | —10,2 | — 7,0 | — 8,9 | » | » | » |
| 17 | —10,8 | — 7,2 | — 9,9 | 10,01 | 1,5 | 0,3 |
| 18 | —11,9 | — 9,0 | —11,9 | » | » | » |
| 19 | —15,0 | —12,0 | —14,4 | » | » | » |
| 20 | —18,2 | —10,0 | —17,2 | 9,52 | 1,0 | —0,2 |
| 21 | —20,0 | 2,6 | —10,0 | » | » | » |
| 22 | 1,0 | 4,4 | 2,2 | 9,26 | 0,9 | 0,0 |
| 23 | 1,5 | 4,6 | 2,0 | » | 0,8 | —0,1 |
| 24 | 1,5 | 6,9 | 2,9 | 8,71 | 1,0 | 0,0 |
| 25 | 2,9 | 8,0 | 4,9 | » | 1,3 | 0,2 |
| 26 | 5,0 | 8,3 | 5,1 | » | 3,2 | 3,4 |
| 27 | 2,3 | 6,9 | 3,3 | 8,15 | 3,8 | 3,4 |
| 28 | 2,5 | 8,2 | 3,2 | » | 3,7 | 3,1 |
| 29 | 3,6 | 8,6 | 4,4 | 8,15 | 3,9 | 3,5 |
| 30 | 4,1 | 10,4 | 8,2 | » | 4,4 | 4,3 |
| 31 | 6,5 | 11,4 | 7,5 | 8,29 | 5,2 | 5,2 |
| Moy. | — 2,97 | 1,43 | — 1,49 | 9,95 | 2,2 | 2,2 |

# Janvier 1860.

| JOURS. | TEMPÉRATURE A L'AIR. | | | TEMPÉRATURE SOUTERRAINE. | | |
|---|---|---|---|---|---|---|
| | MINIMA. | MAXIMA. | Thermomètre à l'air à 9 h. m. | 2 MÈTRES de profondeur. | 40 c. | 25 c. |
| 1 | 4,1 | 13,5 | 4,8 | )) | 5,5 | 5,2 |
| 2 | 4,7 | 11,0 | 6,3 | )) | 5,8 | 5,6 |
| 3 | 5,0 | 10,7 | 7,8 | 8,06 | 5,9 | 3,5 |
| 4 | 5,6 | 10,9 | 6,9 | )) | 6,4 | 6,4 |
| 5 | 6,5 | 11,4 | 9,7 | 8,94 | 6,3 | 6,1 |
| 6 | 5,0 | 8,6 | 6,5 | )) | 6,2 | 5,6 |
| 7 | 2,4 | 4,2 | 8,5 | 8,87 | 5,7 | 4,9 |
| 8 | — 2,0 | 3,8 | 0,2 | )) | 4,6 | 3,3 |
| 9 | — 2,1 | 6,0 | 1,8 | )) | 3,7 | 2,4 |
| 10 | 1,6 | 5,0 | 1,5 | 8,97 | 3,3 | 2,4 |
| 11 | 1,5 | 6,3 | 2,5 | )) | 3,5 | 2,7 |
| 12 | 0,7 | 7,0 | 2,8 | 8,81 | 3,9 | 3,2 |
| 13 | — 1,0 | 6,0 | 0,9 | )) | 3,9 | 3,0 |
| 14 | — 2,0 | 1,0 | — 1,0 | 8,81 | 3,6 | 2,6 |
| 15 | — 2,5 | 3,0 | — 1,0 | )) | 3,1 | 2,1 |
| 16 | 0,5 | 7,0 | 3,3 | )) | 3,0 | 2,0 |
| 17 | 1,1 | 5,6 | 4,1 | 8,81 | 3,5 | 3,0 |
| 18 | 3,9 | 6,4 | 4,8 | )) | 4,0 | 3,7 |
| 19 | 4,0 | 8,3 | 5,1 | 8,29 | 4,3 | 4,0 |
| 20 | 5,0 | 10,0 | 6,5 | )) | 4,8 | 4,6 |
| 21 | 4,0 | 6,8 | 5,3 | 8,22 | 5,2 | 5,0 |
| 22 | 1,1 | 6,2 | 4,1 | )) | 5,0 | 4,4 |
| 23 | 1,1 | 5,5 | 2,5 | )) | 4,4 | 3,6 |
| 24 | 1,3 | 7,1 | 4,0 | 7,74 | 3,9 | 3,0 |
| 25 | 1,5 | 5,9 | 3,8 | )) | 3,8 | 3,0 |
| 26 | 1,0 | 5,9 | 5,0 | 8,32 | 3,7 | 3,0 |
| 27 | 1,5 | 9,2 | 4,8 | )) | 3,9 | 3,4 |
| 28 | 3,0 | 4,5 | 3,8 | 7,99 | 4,4 | 4,2 |
| 29 | — 1,5 | 3,1 | 0,5 | )) | 3,9 | 2,8 |
| 30 | 1,0 | 6,9 | 4,9 | )) | 3,5 | 3,0 |
| 31 | 2,0 | 6,3 | 5,6 | 7,47 | 4,1 | 3,8 |
| Moy. | 1,87 | 6,87 | 4,07 | 8,40 | 4,4 | 3,8 |

**Février.**

| JOURS. | TEMPÉRATURE A L'AIR. | | | TEMPÉRATURE SOUTERRAINE. | | |
|---|---|---|---|---|---|---|
| | MINIMA. | MAXIMA. | Thermomètre à l'air à 9 h. m. | 2 MÈTRES de profondeur. | 40 c. | 25 c. |
| 1 | 0,5 | 4,5 | 3,0 | » | 4,0 | 3,3 |
| 2 | — 3,1 | 2,0 | — 1,8 | 7,93 | 3,4 | 2,3 |
| 3 | — 3,0 | 0,0 | — 2,0 | » | 2,6 | 1,6 |
| 4 | — 6,1 | — 1,5 | — 3,5 | 8,00 | 2,2 | 1,2 |
| 5 | — 4,7 | — 0,2 | — 4,0 | » | 1,9 | 0,8 |
| 6 | — 1,3 | 3,1 | — 0,1 | » | 1,6 | 0,7 |
| 7 | — 1,5 | 3,0 | 0,0 | 7,84 | 1,6 | 0,7 |
| 8 | — 1,5 | 4,1 | 0,0 | » | 1,4 | 0,7 |
| 9 | — 0,5 | 4,8 | 2,5 | 7,61 | 1,5 | 0,7 |
| 10 | — 3,2 | — 0,7 | — 3,0 | » | 1,6 | 0,8 |
| 11 | — 7,9 | — 3,8 | — 6,3 | 7,35 | 1,4 | 0,6 |
| 12 | — 6,1 | — 3,1 | — 4,8 | » | 1,2 | 0,2 |
| 13 | — 6,0 | — 2,9 | — 4,2 | » | 1,0 | 0,1 |
| 14 | — 8,0 | — 1,7 | — 5,5 | 7,08 | 0,8 | — 0,2 |
| 15 | — 9,0 | — 2,9 | — 6,0 | » | 0,6 | 0,0 |
| 16 | — 6,8 | — 2,1 | — 5,0 | 7,05 | 0,5 | — 0,1 |
| 17 | — 5,1 | 0,0 | — 3,0 | » | 0,4 | — 0,1 |
| 18 | — 9,4 | — 1,5 | — 5,3 | 6,77 | 0,4 | — 0,1 |
| 19 | — 7,5 | 0,3 | — 2,5 | » | 0,3 | — 0,1 |
| 20 | — 3,0 | 2,1 | — 0,5 | » | 0,3 | 0,0 |
| 21 | — 8,1 | — 0,5 | — 3,0 | 6,60 | 0,3 | 0,0 |
| 22 | — 5,3 | — 0,1 | — 0,3 | » | 0,4 | — 0,1 |
| 23 | — 6,7 | 0,0 | — 3,7 | 6,51 | 0,3 | 0,0 |
| 24 | — 8,3 | 1,6 | — 2,6 | » | 0,4 | 0,0 |
| 25 | — 4,4 | 5,6 | 0,2 | 6,67 | 0,4 | — 0,1 |
| 26 | — 1,0 | 8,0 | 4,0 | » | 0,3 | 0,0 |
| 27 | 2,7 | 7,1 | 5,8 | » | 0,3 | 0,1 |
| 28 | — 1,0 | 7,0 | 2,5 | 5,96 | 0,3 | 0,1 |
| 29 | 3,0 | 11,0 | 6,5 | » | 0,5 | 0,1 |
| Moy. | — 4,28 | + 0,80 | — 1,47 | 7,11 | 1,1 | 0,4 |

## Mars.

| JOURS. | TEMPÉRATURE A L'AIR. | | | TEMPÉRATURE SOUTERRAINE. | | |
|---|---|---|---|---|---|---|
| | MINIMA. | MAXIMA. | Thermomètre à l'air à 9 h. m. | 2 MÈTRES de profondeur. | 40 c. | 25 c. |
| 1 | 2,0 | 5,5 | 3,0 | 5,79 | 3,0 | 2,0 |
| 2 | — 1,3 | 8,1 | — 0,5 | » | 3,2 | 2,6 |
| 3 | 0,6 | 9,5 | 3,5 | 5,89 | 2,5 | 2,2 |
| 4 | — 1,2 | 7,6 | 4,8 | » | 2,7 | 2,0 |
| 5 | 2,5 | 6,1 | 4,4 | » | 3,1 | 2,9 |
| 6 | 1,3 | 3,1 | 2,0 | 5,89 | 3,1 | 2,4 |
| 7 | — 1,2 | 1,9 | 1,3 | » | 2,7 | 1,7 |
| 8 | — 3,1 | — 1,0 | — 2,2 | 5,85 | 2,4 | 1,5 |
| 9 | — 9,5 | — 2,0 | — 6,2 | » | 1,9 | 1,1 |
| 10 | — 9,0 | — 2,0 | — 5,1 | 5,89 | 1,6 | 0,8 |
| 11 | — 9,7 | — 2,0 | — 5,2 | » | 1,4 | 0,6 |
| 12 | — 5,7 | 5,5 | 0,5 | » | 1,3 | 0,6 |
| 13 | 0,5 | 7,9 | 4,8 | 5,85 | 1,2 | 0,5 |
| 14 | 0,8 | 7,4 | 4,3 | » | 1,7 | 1,3 |
| 15 | — 0,1 | 7,3 | 4,5 | 5,85 | 2,3 | 1,6 |
| 16 | — 0,9 | 5,8 | 3,0 | » | 2,1 | 1,4 |
| 17 | 0,0 | 7,1 | 2,6 | 6,12 | 2,4 | 1,7 |
| 18 | 0,8 | 11,3 | 7,1 | » | 2,9 | 2,4 |
| 19 | 5,5 | 8,9 | 7,0 | » | 4,4 | 4,5 |
| 20 | 0,0 | 12,0 | 5,0 | 6,44 | 4,4 | 3,6 |
| 21 | 3,0 | 13,5 | 9,8 | » | 4,9 | 4,5 |
| 22 | 5,4 | 9,0 | 8,9 | 6,28 | 5,6 | 5,6 |
| 23 | 1,1 | 10,9 | 6,7 | » | 5,1 | 4,3 |
| 24 | 5,6 | 10,5 | 9,0 | 6,60 | 5,4 | 5,2 |
| 25 | 3,0 | 7,9 | 4,0 | » | 5,4 | 4,7 |
| 26 | 1,0 | 8,9 | 3,8 | » | 5,0 | 4,3 |
| 27 | 3,1 | 9,5 | 7,0 | 6,93 | 4,9 | 4,4 |
| 28 | 4,9 | 12,5 | 10,1 | » | 5,4 | 5,1 |
| 29 | 7,0 | 14,4 | 11,8 | 7,25 | 6,5 | 6,6 |
| 30 | 6,5 | 12,2 | 10,5 | » | 7,4 | 7,6 |
| 31 | 3,9 | 14,9 | 9,4 | 7,09 | 7,2 | 6,6 |
| Moy. | 0,54 | 7,65 | 4,18 | 6,26 | 3,6 | 3,1 |

## Avril.

| JOURS. | TEMPÉRATURE A L'AIR. | | | TEMPÉRATURE SOUTERRAINE. | | |
|---|---|---|---|---|---|---|
| | MINIMA. | MAXIMA. | Thermomètre à l'air à 9 h. m. | 2 MÈTRES de profondeur. | 40 c. | 25 c. |
| 1 | 8,0 | 15,1 | 11,9 | » | 7,7 | 7,6 |
| 2 | 4,6 | 14,8 | 8,2 | » | 7,5 | 7,0 |
| 3 | 7,3 | 14,4 | 9,0 | 7,58 | 7,5 | 7,2 |
| 4 | 3,5 | 16,3 | 10,7 | » | 7,5 | 6,8 |
| 5 | 6,3 | 13,1 | 7,9 | 7,58 | 8,1 | 8,1 |
| 6 | 7,2 | 14,7 | 12,5 | » | 8,0 | 7,7 |
| 7 | 7,9 | 13,1 | 9,6 | 8,06 | 8,5 | 8,5 |
| 8 | 9,0 | 12,1 | 9,4 | » | 9,2 | 9,4 |
| 9 | 6,5 | 10,2 | 8,8 | » | 8,8 | 8,4 |
| 10 | 4,0 | 10,1 | 7,9 | 8,49 | 8,2 | 7,4 |
| 11 | —0,5 | 4,9 | 1,4 | » | 7,5 | 6,2 |
| 12 | —0,9 | 7,9 | 4,1 | 8,77 | 6,0 | 4,5 |
| 13 | 1,9 | 10,1 | 4,9 | » | 6,0 | 5,0 |
| 14 | 4,0 | 11,6 | 7,8 | 8,81 | 6,7 | 6,2 |
| 15 | 6,0 | 11,6 | 8,2 | » | 7,3 | 6,9 |
| 16 | 4,0 | 15,8 | 8,9 | » | 7,7 | 7,2 |
| 17 | 6,0 | 16,8 | 11,9 | 9,26 | 8,7 | 8,4 |
| 18 | 5,0 | 11,3 | 8,9 | » | 9,2 | 8,8 |
| 19 | 1,8 | 6,0 | 4,7 | 8,90 | 8,7 | 7,9 |
| 20 | —2,0 | 2,1 | 0,1 | » | 6,7 | 4,9 |
| 21 | —0,6 | 5,6 | 3,1 | 9,13 | 5,4 | 4,2 |
| 22 | —0,7 | 6,6 | 6,6 | » | 5,9 | 4,8 |
| 23 | 2,5 | 10,3 | 7,4 | » | 6,5 | 5,7 |
| 24 | 4,9 | 13,5 | 9,1 | 9,26 | 6,8 | 6,2 |
| 25 | 2,9 | 6,9 | 4,2 | » | 6,7 | 5,9 |
| 26 | 2,9 | 9,0 | 6,6 | 9,52 | 6,3 | 5,4 |
| 27 | 3,6 | 5,8 | 4,8 | » | 6,8 | 6,2 |
| 28 | 2,3 | 9,9 | 5,2 | 9,20 | 6,3 | 5,3 |
| 29 | 3,7 | 15,1 | 7,7 | » | 6,5 | 5,8 |
| 30 | 4,9 | 16,7 | 10,3 | » | 7,5 | 7,1 |
| Moy. | 4,06 | 11,04 | 7,39 | 8,71 | 7,2 | 6,6 |

**Mai.**

| JOURS. | TEMPÉRATURE A L'AIR. | | | TEMPÉRATURE SOUTERRAINE. | | |
|---|---|---|---|---|---|---|
| | MINIMA. | MAXIMA. | Thermomètre à l'air à 9 h. m. | 2 MÈTRES de profondeur. | 40 c. | 25 c. |
| 1 | 6,8 | 17,5 | 9,6 | 9,62 | 8,7 | 8,6 |
| 2 | 8,0 | 14,1 | 10,5 | » | 9,2 | 9,2 |
| 3 | 8,0 | 17,7 | 13,6 | 9,13 | 9,2 | 9,1 |
| 4 | 7,5 | 17,5 | 12,9 | » | 10,2 | 9,9 |
| 5 | 4,8 | 19,8 | 12,9 | 9,33 | 10,0 | 9,4 |
| 6 | 8,2 | 19,7 | 11,8 | » | 10,9 | 10,7 |
| 7 | 6,6 | 22,8 | 15,5 | » | 11,4 | 11,1 |
| 8 | 8,2 | 17,9 | 11,7 | 10,23 | 11,6 | 11,3 |
| 9 | 11,0 | 21,7 | 16,8 | » | 11,5 | 11,4 |
| 10 | 12,0 | 25,8 | 18,3 | 10,33 | 12,0 | 12,0 |
| 11 | 13,5 | 26,1 | 20,0 | » | 13,0 | 13,1 |
| 12 | 14,0 | 24,3 | 19,5 | 10,56 | 13,6 | 13,9 |
| 13 | 11,3 | 17,9 | 13,0 | » | 13,0 | 12,8 |
| 14 | 10,0 | 20,9 | 15,1 | » | 12,7 | 12,5 |
| 15 | 9,6 | 22,0 | 15,2 | 10,95 | 13,3 | 13,1 |
| 16 | 10,5 | 20,1 | 14,8 | » | 13,6 | 13,5 |
| 17 | 9,3 | 25,7 | 15,7 | 11,46 | 13,6 | 13,4 |
| 18 | 13,5 | 26,0 | 18,6 | » | 14,4 | 14,4 |
| 19 | 13,9 | 18,0 | 14,6 | 11,56 | 14,5 | 14,6 |
| 20 | 8,9 | 14,2 | 10,3 | » | 13,5 | 12,8 |
| 21 | 10,3 | 18,1 | 14,2 | » | 12,8 | 12,6 |
| 22 | 12,8 | 20,6 | 15,4 | 11,95 | 13,5 | 13,5 |
| 23 | 10,4 | 24,9 | 16,6 | » | 14,0 | 13,9 |
| 24 | 15,2 | 26,7 | 22,2 | 12,82 | 15,1 | 15,3 |
| 25 | 10,3 | 26,0 | 18,5 | » | 15,6 | 15,5 |
| 26 | 13,5 | 24,9 | 19,5 | 12,44 | 16,1 | 16,3 |
| 27 | 9,5 | 16,3 | 13,3 | » | 15,5 | 15,1 |
| 28 | 8,4 | 18,9 | 13,6 | » | 14,7 | 14,2 |
| 29 | 5,2 | 15,0 | 10,7 | 12,92 | 13,8 | 12,8 |
| 30 | 7,9 | 18,9 | 14,7 | » | 13,7 | 13,1 |
| 31 | 9,5 | 23,9 | 18,8 | 13,21 | 14,3 | 14,1 |
| Moy. | 9,92 | 20,77 | 15,12 | 11,17 | 12,9 | 12,7 |

3*

# Juin.

| JOURS. | TEMPÉRATURE A L'AIR. | | | TEMPÉRATURE SOUTERRAINE. | | |
|---|---|---|---|---|---|---|
| | MINIMA. | MAXIMA. | Thermomètre à l'air à 9 h. m. | 2 MÈTRES de profondeur. | 40 c. | 25 c. |
| 1 | 13,2 | 20,4 | 15,4 | » | 14,5 | 14,3 |
| 2 | 14,8 | 25,1 | 20,6 | 13,34 | 15,0 | 15,1 |
| 3 | 12,1 | 18,0 | 17,0 | » | 15,3 | 15,1 |
| 4 | 11,2 | 21,1 | 19,7 | » | 14,0 | 13,4 |
| 5 | 9,5 | 20,1 | 16,9 | 13,73 | 14,3 | 13,7 |
| 6 | 9,9 | 19,9 | 15,4 | » | 14,7 | 14,2 |
| 7 | 9,9 | 17,2 | 14,4 | 13,80 | 14,2 | 13,4 |
| 8 | 8,6 | 21,5 | 16,5 | » | 13,9 | 13,2 |
| 9 | 11,2 | 24,3 | 19,4 | 13,89 | 14,8 | 14,5 |
| 10 | 12,9 | 21,0 | 18,0 | » | 15,0 | 14,5 |
| 11 | 12,0 | 21,5 | 17,1 | » | 14,6 | 14,2 |
| 12 | 12,6 | 24,9 | 19,7 | 14,06 | 15,6 | 15,3 |
| 13 | 15,0 | 24,9 | 20,4 | » | 15,8 | 15,4 |
| 14 | 11,4 | 15,6 | 12,4 | 14,22 | 16,0 | 15,4 |
| 15 | 9,1 | 20,3 | 17,5 | » | 15,8 | 15,2 |
| 16 | 10,2 | 18,3 | 13,5 | 14,48 | 15,3 | 14,7 |
| 17 | 11,5 | 20,3 | 17,9 | » | 14,9 | 14,2 |
| 18 | 11,0 | 22,3 | 18,0 | » | 15,0 | 14,4 |
| 19 | 11,5 | 22,5 | 17,9 | 14,87 | 15,7 | 15,2 |
| 20 | 14,8 | 18,4 | 14,8 | » | 15,6 | 15,3 |
| 21 | 12,0 | 16,1 | 13,2 | 14,70 | 15,1 | 14,6 |
| 22 | 11,8 | 21,1 | 16,0 | » | 14,8 | 14,2 |
| 23 | 11,0 | 24,1 | 17,5 | 14,83 | 15,4 | 14,7 |
| 24 | 13,0 | 26,8 | 20,8 | » | 16,4 | 16,2 |
| 25 | 14,6 | 29,9 | 23,8 | » | 17,4 | 17,5 |
| 26 | 17,8 | 30,9 | 25,4 | 15,03 | 18,2 | 18,4 |
| 27 | 18,5 | 30,0 | 24,3 | » | 18,9 | 19,1 |
| 28 | 18,6 | 26,4 | 23,8 | 15,45 | 19,8 | 20,3 |
| 29 | 15,8 | 23,1 | 20,5 | » | 19,6 | 19,4 |
| 30 | 11,8 | 18,5 | 15,3 | 15,81 | 18,3 | 17,5 |
| Moy. | 12,57 | 22,15 | 18,10 | 14,47 | 15,7 | 15,4 |

| JOURS. | TEMPÉRATURE A L'AIR. | | | TEMPÉRATURE SOUTERRAINE. | | |
|---|---|---|---|---|---|---|
| | MINIMA. | MAXIMA. | Thermomètre à l'air à 9 h. m. | 2 MÈTRES de profondeur. | 40 c. | 25 c. |
| 1 | 9,7 | 16,7 | 14,9 | » | 17,5 | 16,7 |
| 2 | 7,8 | 19,7 | 14,8 | » | 17,1 | 16,2 |
| 3 | 9,7 | 22,9 | 17,5 | 16,16 | 17,2 | 16,6 |
| 4 | 11,6 | 23,9 | 18,5 | » | 17,8 | 17,5 |
| 5 | 13,6 | 22,8 | 18,0 | 16,65 | 18,4 | 18,3 |
| 6 | 9,0 | 23,8 | 18,8 | » | 18,3 | 17,9 |
| 7 | 10,6 | 21,1 | 16,8 | 16,45 | 18,6 | 18,2 |
| 8 | 9,4 | 25,8 | 17,1 | » | 18,4 | 17,8 |
| 9 | 12,8 | 29,1 | 17,6 | » | 19,0 | 18,7 |
| 10 | 15,4 | 23,8 | 20,2 | 16,78 | 19,0 | 19,7 |
| 11 | 14,1 | 23,4 | 20,7 | » | 19,0 | 18,6 |
| 12 | 13,6 | 21,9 | 18,1 | 16,97 | 18,7 | 18,2 |
| 13 | 13,0 | 23,9 | 18,4 | » | 18,6 | 18,3 |
| 14 | 12,8 | 23,8 | 19,5 | 17,07 | 18,7 | 18,2 |
| 15 | 15,8 | 26,8 | 21,8 | » | 19,3 | 19,2 |
| 16 | 16,1 | 31,9 | 25,3 | » | 20,2 | 20,2 |
| 17 | 16,0 | 29,4 | 23,4 | 17,56 | 20,8 | 20,9 |
| 18 | 17,8 | 24,8 | 22,7 | » | 21,4 | 21,5 |
| 19 | 14,6 | 25,9 | 23,0 | 17,78 | 20,3 | 19,5 |
| 20 | 12,8 | 21,1 | 17,6 | » | 19,7 | 18,8 |
| 21 | 9,0 | 24,0 | 20,9 | 18,04 | 19,3 | 18,4 |
| 22 | 11,3 | 17,9 | 12,8 | » | 19,6 | 19,1 |
| 23 | 11,9 | 22,3 | 17,8 | » | 18,4 | 17,4 |
| 24 | 13,7 | 22,8 | 19,4 | 18,27 | 18,6 | 17,9 |
| 25 | 11,7 | 18,9 | 14,0 | » | 18,0 | 17,0 |
| 26 | 9,8 | 19,7 | 15,9 | 18,33 | 17,5 | 16,4 |
| 27 | 8,6 | 20,5 | 15,7 | » | 17,2 | 16,0 |
| 28 | 10,5 | 24,5 | 20,5 | 18,27 | 17,7 | 17,0 |
| 29 | 10,7 | 19,5 | 15,0 | » | 17,5 | 16,5 |
| 30 | 11,1 | 16,5 | 13,3 | » | 17,0 | 16,0 |
| 31 | 9,6 | 18,0 | 14,7 | 18,33 | 16,2 | 15,0 |
| Moy. | 12,06 | 22,80 | 18,21 | 17,43 | 18,5 | 17,9 |

**Août.**

| JOURS. | TEMPÉRATURE A L'AIR. | | | TEMPÉRATURE SOUTERRAINE. | | |
|---|---|---|---|---|---|---|
| | MINIMA. | MAXIMA. | Thermomètre à l'air à 9 h. m. | 2 MÈTRES de profondeur. | 40 c. | 25 c. |
| 1 | 9,0 | 19,5 | 15,1 | )) | 16,0 | 14,9 |
| 2 | 9,2 | 22,1 | 18,2 | 18,07 | 16,5 | 15,7 |
| 3 | 12,4 | 20,0 | 16,5 | )) | 17,0 | 16,5 |
| 4 | 13,0 | 20,0 | 15,6 | 18,17 | 16,6 | 15,9 |
| 5 | 13,5 | 23,7 | 19,2 | )) | 16,6 | 15,9 |
| 6 | 13,5 | 23,9 | 20,0 | )) | 17,5 | 17,1 |
| 7 | 12,8 | 18,8 | 14,5 | 17,94 | 17,2 | 16,5 |
| 8 | 10,8 | 21,6 | 15,0 | )) | 17,0 | 16,0 |
| 9 | 11,0 | 23,4 | 17,5 | 17,94 | 16,9 | 15,8 |
| 10 | 13,0 | 19,5 | 16,4 | )) | 16,8 | 16,1 |
| 11 | 11,4 | 23,0 | 19,3 | 18,33 | 16,6 | 15,9 |
| 12 | 13,7 | 21,7 | 16,1 | )) | 16,9 | 16,4 |
| 13 | 9,9 | 23,5 | 18,1 | )) | 16,7 | 15,8 |
| 14 | 14,3 | 22,7 | 16,0 | 18,01 | 17,1 | 16,6 |
| 15 | 13,8 | 25,8 | 20,0 | )) | 17,3 | 16,9 |
| 16 | 18,0 | 26,0 | 21,5 | 18,01 | 18,0 | 17,9 |
| 17 | 13,8 | 18,4 | 15,8 | )) | 17,5 | 17,2 |
| 18 | 10,2 | 21,1 | 14,7 | )) | )) | )) |
| 19 | 10,4 | 21,3 | 15,1 | )) | )) | )) |
| 20 | 11,1 | 23,8 | 16,7 | )) | )) | )) |
| 21 | 12,0 | 14,8 | 13,0 | )) | )) | )) |
| 22 | 9,9 | 19,8 | 14,0 | )) | )) | )) |
| 23 | 13,8 | 18,9 | 16,1 | )) | )) | )) |
| 24 | 8,8 | 21,8 | 14,2 | )) | )) | )) |
| 25 | 9,1 | 23,7 | 15,5 | )) | )) | )) |
| 26 | 14,5 | 28,1 | 18,8 | )) | )) | )) |
| 27 | 17,9 | 24,2 | 18,1 | )) | )) | )) |
| 28 | 15,8 | 25,1 | 18,2 | )) | )) | )) |
| 29 | 15,2 | 26,3 | 18,2 | )) | )) | )) |
| 30 | 15,1 | 27,9 | 18,7 | )) | )) | )) |
| 31 | 17,8 | 25,0 | 18,1 | )) | )) | )) |
| Moy. | 12,73 | 22,43 | 17,23 | 18,06 | 16,9 | 16,3 |

| JOURS. | TEMPÉRATURE A L'AIR. | | | TEMPÉRATURE SOUTERRAINE. | | |
|---|---|---|---|---|---|---|
| | MINIMA. | MAXIMA. | Thermomètre à l'air à 9 h. m. | 2 MÈTRES de profondeur. | 40 c. | 25 c. |
| 1 | 14,2 | 16,0 | 15,1 | | | |
| 2 | 11,8 | 18,2 | 14,2 | | | |
| 3 | 10,6 | 18,1 | 13,3 | | | |
| 4 | 11,9 | 15,3 | 13,1 | | | |
| 5 | 9,8 | 17,8 | 13,4 | | | |
| 6 | 9,1 | 15,8 | 12,2 | | | |
| 7 | 8,8 | 14,1 | 11,1 | | | |
| 8 | 10,3 | 15,1 | 12,7 | | | |
| 9 | 8,4 | 17,5 | 13,9 | | | |
| 10 | 8,3 | 19,4 | 14,2 | 17 en moyenne. | 14,8 en moyenne. | 13,8 en moyenne. |
| 11 | 11,9 | 16,3 | 14,5 | | | |
| 12 | 9,9 | 17,7 | 13,1 | | | |
| 13 | 9,8 | 20,1 | 16,3 | | | |
| 14 | 10,8 | 23,2 | 16,9 | | | |
| 15 | 14,5 | 17,1 | 15,3 | | | |
| 16 | 10,0 | 19,2 | 14,1 | | | |
| 17 | 7,8 | 21,3 | 15,9 | | | |
| 18 | 14,1 | 19,2 | 15,3 | | | |
| 19 | 11,8 | 20,3 | 16,4 | Par approximation | Id. | Id. |
| 20 | 12,3 | 16,1 | 13,8 | | | |
| 21 | 9,4 | 17,8 | 13,9 | | | |
| 22 | 12,8 | 20,3 | 15,3 | | | |
| 23 | 13,1 | 20,1 | 16,5 | | | |
| 24 | 11,2 | 22,2 | 17,1 | | | |
| 25 | 9,7 | 11,6 | 10,1 | | | |
| 26 | 9,8 | 16,4 | 13,2 | | | |
| 27 | 9,2 | 17,9 | 13,4 | | | |
| 28 | 11,1 | 14,1 | 13,3 | | | |
| 29 | 9,4 | 19,7 | 15,8 | | | |
| 30 | 12,3 | 18,8 | 15,7 | | | |
| Moy. | 10,78 | 17,89 | 14,30 | 17,0 | 14,8 | 13,8 |

## Octobre.

| JOURS. | TEMPÉRATURE A L'AIR. | | | TEMPÉRATURE SOUTERRAINE. | | |
| --- | --- | --- | --- | --- | --- | --- |
| | MINIMA. | MAXIMA. | Thermomètre à l'air à 9 h. m. | 2 MÈTRES de profondeur. | 40 c. | 25 c. |
| 1 | 9,7 | 12,5 | 10,2 | » | 14,1 | 13,5 |
| 2 | 9,0 | 11,6 | 8,5 | 16,97 | 13,4 | 12,6 |
| 3 | 7,2 | 14,1 | 10,2 | » | 12,8 | 11,7 |
| 4 | 9,9 | 13,5 | 9,4 | 16,75 | 12,8 | 12,2 |
| 5 | 3,5 | 12,7 | 7,5 | » | 12,0 | 10,5 |
| 6 | 4,0 | 15,5 | 9,5 | 16,65 | 11,4 | 10,1 |
| 7 | 8,1 | 16,1 | 11,8 | » | 12,0 | 11,3 |
| 8 | 5,7 | 15,2 | 11,0 | » | 12,3 | 11,5 |
| 9 | 9,7 | 12,1 | 10,9 | 16,32 | 12,4 | 11,9 |
| 10 | 5,2 | 9,1 | 6,8 | » | 11,6 | 10,3 |
| 11 | 5,2 | 10,2 | 8,9 | 16,16 | 10,9 | 9,6 |
| 12 | 1,6 | 5,7 | 4,3 | » | 10,8 | 10,1 |
| 13 | 0,5 | 9,0 | 5,0 | 16,00 | 9,5 | 7,8 |
| 14 | 5,1 | 11,1 | 7,9 | » | 9,5 | 8,3 |
| 15 | 5,9 | 13,0 | 10,4 | » | 9,6 | 8,8 |
| 16 | 6,8 | 16,2 | 12,2 | 15,94 | 10,2 | 9,5 |
| 17 | 8,6 | 17,9 | 13,4 | » | 10,5 | 9,5 |
| 18 | 8,0 | 16,3 | 12,7 | 15,42 | 11,0 | 10,6 |
| 19 | 10,5 | 16,9 | 13,8 | » | 11,5 | 11,1 |
| 20 | 10,6 | 14,9 | 14,4 | 15,13 | 11,9 | 11,5 |
| 21 | 6,6 | 13,5 | 8,6 | » | 11,9 | 11,2 |
| 22 | 6,7 | 17,0 | 12,8 | » | 11,3 | 10,5 |
| 23 | 10,1 | 18,1 | 14,2 | 15,16 | 11,5 | 11,0 |
| 24 | 10,0 | 17,2 | 14,1 | » | 11,9 | 11,4 |
| 25 | 8,5 | 17,8 | 14,0 | 14,96 | 11,9 | 11,3 |
| 26 | 9,1 | 19,1 | 14,2 | » | 11,7 | 11,0 |
| 27 | 9,9 | 19,0 | 15,0 | 14,96 | 12,0 | 11,6 |
| 28 | 9,8 | 17,5 | 13,8 | » | 12,4 | 12,0 |
| 29 | 9,7 | 14,5 | 11,8 | » | 12,4 | 12,0 |
| 30 | 7,3 | 11,3 | 10,0 | 15,09 | 12,1 | 11,5 |
| 31 | 6,8 | 15,0 | 10,5 | » | 11,8 | 11,2 |
| Moy. | 7,39 | 14,31 | 10,89 | 15,80 | 11,6 | 10,8 |

## Novembre.

| JOURS. | TEMPÉRATURE A L'AIR. | | | TEMPÉRATURE SOUTERRAINE. | | |
|---|---|---|---|---|---|---|
| | MINIMA. | MAXIMA. | Thermomètre à l'air à 9 h. m. | 2 mètres de profondeur. | 40 c. | 25 c. |
| 1 | 9,2 | 10,5 | 10,8 | 15,09 | 11,5 | 10,3 |
| 2 | 8,8 | 14,9 | 11,4 | » | 11,3 | 10,6 |
| 3 | 4,5 | 8,1 | 6,2 | 14,77 | 11,3 | 10,5 |
| 4 | 4,1 | 8,0 | 5,7 | » | 10,4 | 9,3 |
| 5 | 4,6 | 7,5 | 6,0 | » | 9,8 | 8,8 |
| 6 | 1,8 | 5,4 | 3,7 | 14,64 | 9,7 | 8,8 |
| 7 | —1,8 | 1,9 | 0,2 | » | 8,0 | 5,9 |
| 8 | —2,9 | 1,5 | —1,4 | 14,38 | 6,6 | 4,5 |
| 9 | —4,2 | 2,5 | —1,2 | » | 5,7 | 4,7 |
| 10 | —5,3 | 2,9 | —0,6 | 14,12 | 5,3 | 3,5 |
| 11 | —2,6 | 6,8 | 4,8 | » | 5,4 | 4,1 |
| 12 | 0,9 | 7,1 | 3,6 | » | 6,2 | 5,2 |
| 13 | 2,3 | 10,6 | 7,2 | 13,47 | 6,7 | 5,8 |
| 14 | 6,9 | 11,5 | 9,0 | » | 7,5 | 7,2 |
| 15 | 5,3 | 10,8 | 7,1 | 12,83 | 8,0 | 7,5 |
| 16 | 5,9 | 9,1 | 7,5 | » | 8,3 | 8,0 |
| 17 | 5,0 | 11,4 | 9,4 | 12,51 | 8,1 | 7,6 |
| 18 | 1,7 | 7,1 | 6,7 | » | 7,0 | 6,5 |
| 19 | —1,0 | 3,8 | 2,0 | » | 7,0 | 5,6 |
| 20 | —1,2 | 2,3 | 1,2 | 12,40 | 6,3 | 5,0 |
| 21 | —2,0 | 0,7 | —0,2 | » | 5,7 | 4,2 |
| 22 | 5,5 | 7,4 | 6,1 | 12,11 | 5,2 | 4,0 |
| 23 | 5,4 | 8,9 | 6,2 | » | 6,1 | 5,8 |
| 24 | 2,9 | 5,7 | 4,3 | 11,14 | 6,5 | 5,8 |
| 25 | 4,0 | 6,9 | 4,2 | » | 6,5 | 4,8 |
| 26 | 4,1 | 7,5 | 4,9 | » | 6,4 | 5,7 |
| 27 | 4,7 | 12,0 | 5,0 | 11,72 | 6,5 | 5,9 |
| 28 | 5,6 | 13,1 | 7,6 | » | 7,2 | 6,6 |
| 29 | 4,2 | 13,2 | 6,7 | 11,46 | 7,1 | 6,5 |
| 30 | 7,3 | 13,9 | 9,3 | » | 7,4 | 7,1 |
| Moy. | 2,79 | 7,77 | 5,11 | 13,12 | 7,5 | 6,5 |

COMPARAISON DE LA MARCHE DE LA TEMPÉRATURE A L'AIR ET DANS LE SOL A DIVERSES PROFONDEURS,
PENDANT L'ANNÉE 1860.

| MOIS. | TEMPÉRATURE A L'AIR. | | | | | PLUIES OU NEIGES. | | TEMPÉRATURE DANS LE SOL. | | |
|---|---|---|---|---|---|---|---|---|---|---|
| | MINIMA EXTRÊMES. | MAXIMA EXTRÊMES. | MINIMA MOYENS. | MAXIMA MOYENS. | TEMPÉR. A 9 H. M. | HAUTEUR EN MILL. | Nombre de pluies et neiges. | A 2 MÈT. | 40 CENT. | 25 CENT. |
| Déc. 1859. | — 20 le 20 | 11,4 le 31 | —2,97 | 1,43 | —1,49 | 49 | 8 | 9,98 | 2,2 | 2,2 |
| Janv. 1860 | — 2,5 le 15 | 13,5 le 1er | 1,87 | 6,87 | 4,07 | 93 | 14 | 8,40 | 4,4 | 3,8 |
| Février . . | — 9,4 le 18 | 11,0 le 29 | —4,28 | 0,80 | —1,47 | 48 | 12 | 7,11 | 1,1 | 0,4 |
| Mars . . . | — 9,7 le 11 | 14,9 le 31 | 0,54 | 7,65 | 4,18 | 66 | 12 | 6,26 | 3,6 | 3,1 |
| Avril . . . | — 0,9 le 12 | 16,8 le 17 | 4,06 | 11,04 | 7,39 | 78 | 13 | 8,71 | 7,2 | 6,6 |
| Mai . . . . | 4,8 le 5 | 26,7 le 24 | 9,92 | 20,77 | 15,12 | 49 | 8 | 11,17 | 12,9 | 12,7 |
| Juin . . . | 8,6 le 8 | 30,9 le 26 | 12,57 | 22,15 | 18,10 | 89 | 15 | 14,47 | 15,7 | 15,4 |
| Juillet. . . | 7,8 le 2 | 31,9 le 16 | 12,06 | 22,80 | 18,21 | 73 | 11 | 17,43 | 18,5 | 17,9 |
| Août . . . | 8,8 le 24 | 27,9 le 30 | 12,73 | 22,43 | 17,23 | 187 | 12 | 18,06 | 16,9 | 16,3 |
| Septembre | 7,8 le 17 | 23,2 le 14 | 10,78 | 17,89 | 14,30 | 158 | 10 | 17,00 | 14,8 | 13,8 |
| Octobre . . | 0,5 le 13 | 19,1 le 26 | 7,39 | 14,31 | 10,89 | 41 | 9 | 15,80 | 11,6 | 10,8 |
| Novembre. | — 5,3 le 10 | 14,9 le 2 | 2,79 | 7,77 | 5,11 | 128 | 14 | 13,12 | 7,5 | 6,5 |
| Moyennes. | — 0,79 | 20,18 | 5,62 | 12,99 | 9,30 | 1,059 | 138 | 12,29 | 9,70 | 9,12 |

## OUVRAGES DU MÊME AUTEUR

—

**Etudes chimiques, géologiques et agronomiques**, des
sols de la Bresse et particulièrement de ceux de la Dombes.

**Météorologie agricole,**

Comparaison de la marche de la température dans l'air et dans le sol,
à 2 mètres de profondeur (1ᵉʳ mémoire 1856-57-58).

Comparaison de la marche de la température, dans l'air et dans le sol,
à 2 mètres, 40 centimètres et 25 centimètres de profondeur (2ᵉ mémoire
1859 et 1860).

**Climatologie de la Saulsaie** (Ain). — Résumé de neuf années
d'observations.

**Éléments des sciences physiques appliquées à l'agri-
culture** (1862).

1° *Chimie inorganique* suivie de l'étude *des marnes, des eaux* et *d'une
méthode générale* pour reconnaître la nature d'un des composés miné-
raux intéressant l'agriculture ou la médecine vétérinaire.

(Les autres parties de ce dernier ouvrage paraîtront successivement).

LYON. — Imp. BARRET, rue Gentil, 4.

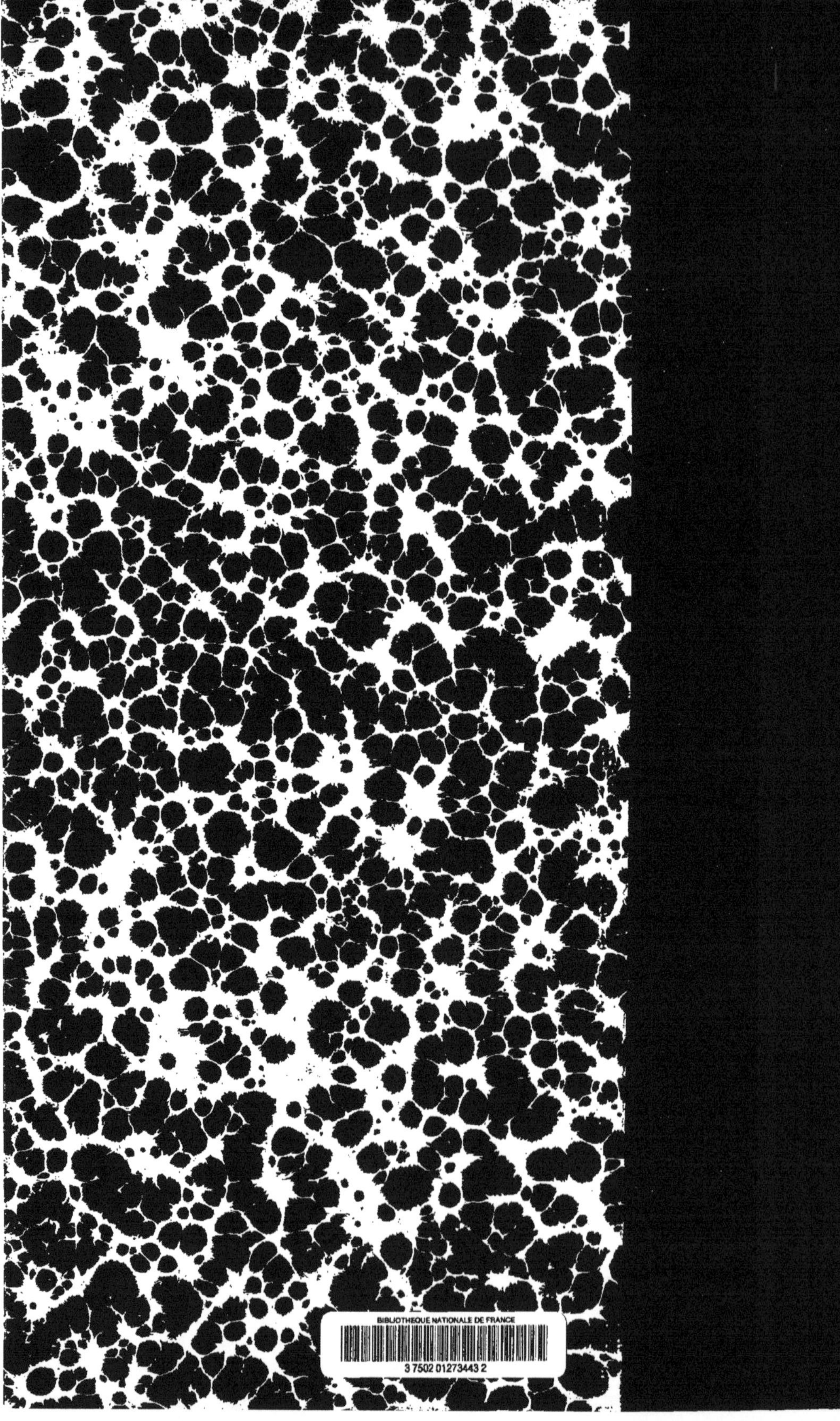